U0782708

生活窍门

随身查

常学辉　编著

天津出版传媒集团

天津科学技术出版社

图书在版编目（CIP）数据

生活窍门随身查 / 常学辉编著 .— 天津：天津科学技术出版社，2013.11（2024.4 重印）

ISBN 978-7-5308-8437-9

Ⅰ . ①生… Ⅱ . ①常… Ⅲ . ①生活 – 知识 Ⅳ . ① TS976.3

中国版本图书馆 CIP 数据核字（2013）第 250363 号

生活窍门随身查
SHENGHUO QIAOMEN SUISHENCHA

策划编辑：杨　謖

责任编辑：孟祥刚

责任印制：兰　毅

出　　版：天津出版传媒集团
　　　　　天津科学技术出版社

地　　址：天津市西康路 35 号

邮　　编：300051

电　　话：（022）23332490

网　　址：www.tjkjcbs.com.cn

发　　行：新华书店经销

印　　刷：鑫海达（天津）印务有限公司

开本 880×1230　1/64　印张 5　字数 140 000

2024 年 4 月第 1 版第 2 次印刷

定价：58.00 元

你是否经常被生活中的一些麻烦事儿弄得焦头烂额？衣服上的污渍怎么洗都洗不掉，买回家的大米总爱生虫子，厨房中的油烟很难清洗掉，新装修的房子甲醛味重没法居住，出门旅游晕车晕船很难受……这些小麻烦往往会给生活带来诸多不便，处理起来费时费力又令人头疼，小窍门就是解决生活难题的好办法。

这些窍门是从生活实践中来的，是人们在日常生活中经过摸索或验证的宝贵技巧和经验，有着很高的实用价值，可以说集合了民间大众的生活智慧，可随时随地帮助你化解生活中的难题，协助你巧妙持家、智慧生活。这些窍门看似不起眼，却能轻松解决你困扰许久的麻烦。小窍门贵在巧妙、快速、简便，可以让我们少走弯路，巧妙地将繁杂琐碎的事务简单化，省时、省力、省心又省钱。

本书收录各类小窍门1000多例，涉及日常生活中的

前言

cheese

炒饭

衣、食、住、行、用等各个方面，内容极为丰富。
为了便于读者查阅、使用，我们将其分为穿戴巧搭、
美容秘方、饮食绝招、居家妙招、治病窍门五章，
读者在使用时可根据自己的需要在目录中进行检索，
快速地找到自己所需要的信息。书中介绍的窍门简
单易行，方便有效，一般人都可掌握，并不需要专
门的技巧。而且，窍门中使用的材料随手可得，都
是生活中常见的，找起来方便，花费也不多。掌握
了这些生活小窍门，每个人都可以成为居家生活的
"百事通"。

编者相信，书中的这些小窍门，一定会打
开你的眼界，帮助你轻松解决日常生活
中的诸多难题。

目录

穿戴巧搭

饮食绝招

食物选购

清洗与加工

饮食宜忌与食品安全

居家妙招

购房技巧

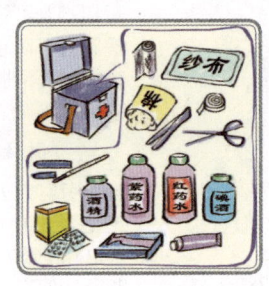

穿戴巧搭

穿着服饰巧安排

巧选羽绒服 >>>

　　一般以选含绒量多的为好。可将羽绒服放在案子上，用手拍打，蓬松度越高说明绒质越好，含绒量也越多。全棉防绒布表面有一层蜡质，耐热性强，但耐磨性差；防绒尼龙绸面料耐磨耐穿，但怕烫怕晒。选购涤棉面料的羽绒服较好。（见下图）

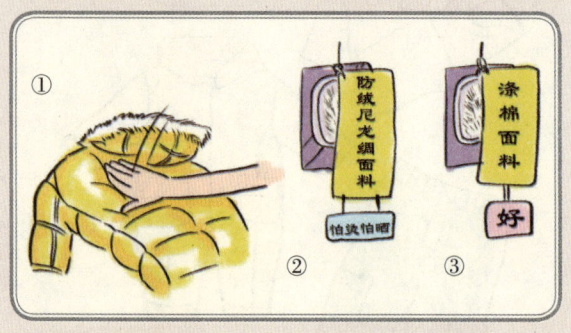

巧选羊毛衫 >>>

　　1. 先看整件的颜色、光泽、款式和原料，仔细检查有否明显的云斑（即斑块）、粗细节、厚薄档、色花、色档、草屑等瑕疵以及有无编结、缝纫等方面的缺陷。

2. 品质越优，手感越好，摸起来越滑爽柔软；手感粗糙的属低劣产品。化纤衫有静电作用，易吸附灰尘，缺乏毛型感。

3. 一般来讲，开衫的尺寸应比套衫大一档（5厘米），应以宽松和略长为宜，以防洗涤后收缩。

正装衬衫的选购 >>>

1. 颜色：中等明暗度的色调、深色调以及厚重的颜色是比较流行的颜色，白色和浅蓝色则是经典颜色。

2. 款式：略带伸缩性的布料制成的衬衫广泛受到欢迎。

3. 领口式样：领部扣纽扣或暗扣的衬衫是传统的式样，尖领是目前流行的样式。

4. 纽扣：贝壳质地的纽扣在任何时候都好过塑料纽扣。在纽扣的钉法上，X形的缝线比平行的缝线更坚固。

5. 袖口：法国式的袖口是经典款式，它使用袖扣而不是纽扣进行固定，看上去更雅致。挑选缝线较密的衬衫。做工精良的衬衫每英寸（2.54厘米）缝线至少应该有14针。

6. 质料：斜纹织物是永恒的时尚，其他材质还包括宽幅细薄毛料、精纺布和府绸。

婴儿服装的选择 >>>

婴儿服装的选择以柔软、简单、温暖为原则。婴儿服装一般要宽大一些，领口也要大一些，袖子要长。左右衣襟要多掩上一些，以免婴儿受凉。夏天用的婴儿衣料，要透气，通常选择棉布、亚麻布；冬天一般用棉绒、法兰绒。（见上图）

巧选内衣 >>>

内衣要选轻薄类织物，它直接与人体接触，对皮肤不应有不良的刺激。织物手感要柔软，织物的吸湿和放湿性能要好，还要耐摩擦、不易污染、耐洗涤、耐日晒等。因此，要选择以棉、羊毛和丝为原料的平纹或斜纹织物。其中棉织物应用最广，丝织物是较为理想的，除具有上述要求外，纤维的导热系数要小，与皮肤接触时不会产生寒冷的感觉。

胸部较小者如何选择内衣 >>>

胸部较小的女性如果不穿文胸导致的后果将是身材扁平,穿着较紧身的文胸则会限制胸部的发育,应穿戴略大一点的文胸,让胸部血液流通,加强活动空间让它朝合适的位置和空间发展。可以用功能文胸来进行弥补,还有许多健胸款式可供选择,另外还可选择定型罩杯文胸。

巧选皮鞋 >>>

1. 要根据自己的脚型,如脚背瘦薄而狭长的穿单底皮鞋比较美观;脚背较高或脚掌较肥的穿有带的皮鞋比较舒适。

2. 用手指按一按皮鞋的表面,皮面皱纹面小,放手后细纹消失,柔软、乌亮、弹性好的是好皮子,如果按后皮面出现大的皱纹,表明皮子不好。

选购皮靴的窍门 >>>

小腿比较粗的人在挑选靴子的时候最好舍弃皮质坚挺的款式,特

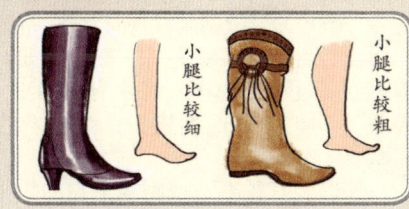

小腿比较细

小腿比较粗

别是小马皮这类质料，不妨挑选伸缩性佳，可顺着腿形伸展的质料，例如小牛皮制成的柔软的美丽V形；小腿肚比较圆的人可选择小腿的两侧加有松紧带的靴子；O形腿的人适合靴筒稍微超出小腿处的靴子，并且最好搭配过膝的护腿袜子，或者干脆用裙子将膝盖处遮住，避免暴露缺点。（见上页图）

羊绒制品的挑选 >>>

除外观精致外，用手握紧后放开能自然弹回原状的为优等品；注意是否经过防缩加工处理，如果已经过防缩处理，则挑选时规格尺寸不宜过大，也不宜过小（特殊时装款除外），以免穿着时影响外观造型；购买国家认定质量稳定的厂家品牌，认真查看是否标有羊绒含量，据国家有关规定，挂纯山羊绒标志的产品其羊绒含量必须在95%以上，还要看是否有合格证标贴及条形码。

帽子的选购 >>>

一般说来，缝制帽针迹要整齐、清晰、不脱线、无污点；针织处要无跳针、断线、漏针等现象；草编帽的草色应均匀，帽体有弹性；麻编帽编织应整齐均匀，表面无接头，手捏陷后能迅速恢复原状。

长形脸宜戴宽边或帽檐下拉的帽子、宽形脸应戴有边帽或高顶帽；个子高者不宜戴高筒帽，个儿矮者不适合戴平顶宽边帽；年长者不宜戴过分装饰的深色帽；短头发适合选择将头遮住的帽子等。

皮带的选购 >>>

皮带的长度要适中，一定要比裤子长5厘米，在系好后尾端应该介于第一和第二个裤绊之间。皮带宽窄应该保持在3厘米，太窄会使男人失去阳刚之气，太宽的皮带只适合于休闲、牛仔风格。

长筒丝袜的选择 >>>

丝袜的长度必须高于裙摆边缘，且留有较大的余地，当穿迷你裙或开衩较高的直筒裙，则宜选配连裤袜；对于身材修长、脚部较细的女性来讲，宜选购浅色丝袜，可使腿部显得丰满些。腿部较粗壮的女性宜选用深色丝袜，产生苗条感；胖者宜选购色泽较浅的肉色丝袜。腿较短的女性最好选用深色长裙与同一颜色的袜子和高跟鞋。有静脉曲张的女性忌穿透明的丝袜，避免暴露缺陷。

鉴别真丝和人造丝的窍门 >>>

真丝光泽均匀柔和，如电光闪亮，人造丝无柔和光，而且像涂了一层蜡，有条状光和闪光点。用手握再放松，真丝有抓手感，人造丝没有，真丝皱纹很深，不易散开，人造丝相反。

巧辨牛、羊、猪皮 >>>

猪皮毛眼粗大稀疏，大多是 3 个一组成"品"字形，表面粒纹粗糙，不太光滑。牛皮毛眼细小稠密，一般 5 ~ 7 个排成一行，表面粒纹细腻、光滑。有时，猪皮革的表面压上牛皮的毛眼粒纹后就难辨认了。这时可以凭借日光的斜射，仔细观察鞋的表面，看它是否有直径为 1 ~ 2 毫米的斑晕均布或是从其他部位观察皮革里面是否有直径 2 毫米左右的斑块均布，如果有，可肯定是猪皮。羊皮革表面毛孔清楚、深度较浅，毛孔呈扁圆鱼鳞状。

购买钻饰的小窍门 >>>

1. 问清是否天然钻石：根据 1997 年开始实施的国家珠宝玉石名称标准，使用生产国名或地名参与定名是不允许的，以避免引起概念的混乱。

2. 询问品质如何，有无鉴定证书：衡量钻石品质和价值的要素有四个，即车工、净度、色泽和克拉重量。如附有国家认可的检验机构出具的鉴定证书，购买信心会更大。

3. 询问镶嵌材料是什么：目前钻饰的镶嵌材料有 18K 黄金和 18K 铂金（商店也标为 PT900，即俗

称的"纯白金"），价钱不一，需问清楚。

4. 询问有什么售后服务：一些有实力的专业珠宝店会提供一定的售后服务，如免费清洗、改指圈、退换货等。

选择戒指的小窍门 >>>

1. 短指：避免底座厚实的扭饰型及复杂设计，建议佩戴 V 形等强调纵线设计或有颗坠饰垂挂的款式。

2. 粗指：稍有扭饰或起伏设计会让手指看起来较纤细，宝石较大或单一宝石的设计也有掩饰粗指的效果。

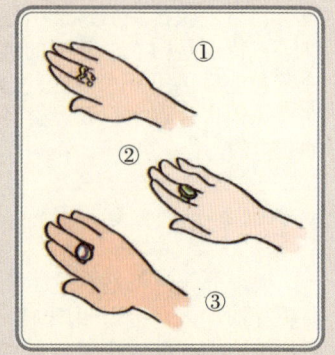

3. 指关节粗大：适合碎钻宝石、底座厚实的戒指，宝石过大而环状部分太细的设计看起来不平衡，易滑动。（见右图）

刚买的衣服不要马上穿 >>>

服装在加工制作过程中，常用荧光增白剂等多种化学添加剂进行处理，这些化学添加剂残留在衣服上，与皮肤接触后，会引起皮肤过敏、发痒、发红等，特别是内衣，新买的纯棉背心、汗衫、短裤一定要洗后再用开水浸泡一会儿，干了再穿。服装在市场销售过程中，要经过各种人手的摸拿和环境如灰尘的污染，并不干净。

皮肤白皙者的服饰色彩 >>>

大部分颜色都适合这类型皮肤，能令白皙的皮肤更亮丽动人，色系当中尤以黄色系与蓝色系最能突出洁白的皮肤，令整体显得明艳照人，色调如淡橙红、柠檬黄、苹果绿、紫红、天蓝等明亮色彩最适宜。

深褐色皮肤者的服饰色彩 >>>

深褐色皮肤的人适合茶褐色系，墨绿、枣红、咖啡色、金黄色等，令人看来更有个性，自然高雅，相反蓝色系则有些格格不入。

黄皮肤者的服饰色彩 >>>

　　偏黄的皮肤宜穿蓝调服装，例如酒红、紫蓝等色彩，能令面容更白皙，但强烈的黄色系如褐色、橘红等则可免则免，以免令面色显得更加暗黄无光。（见下图）

项链的佩戴窍门 >>>

　　脖子较细长，可戴紧贴脖子的项链；脖子较粗，可选择戴长的项链；脖子较长、身材较高的女士同时佩戴长短不一的几串项链，特别具有装饰性。亚洲女性特别适合佩戴珍珠项链。

佩戴围巾的窍门 >>>

　　围巾的选配是根据衣服的颜色而定。穿暗颜色的衣服，可选择色泽浓郁、色彩热烈的丝巾；穿红色的衣服，可围黑色透明的围巾，使红色不太显眼，

还可以显得皮肤白净；穿藏青色的西装，可系一条纯白的丝巾，既能衬托出唇红齿白，又有一种高雅的气质；穿深色的大衣，可选择鲜艳的围巾；穿浅色大衣，可选淡雅的围巾。（见左图）

腰粗者穿衣窍门 >>>

较宽大或伞状上衣可成功掩饰浑圆腰部，其中个子较高者，适合宽的上衣；个子较小者，要选刚好过腰的宽上衣。一定不要选择瘦窄的裤子或弹力裤，避免暴露缺点。长裙、肥腿裤加上半高跟或高跟鞋，可加长腿的长度；减弱腿形的暴露。

小腹凸出者穿衣窍门 >>>

1. 把上半身的浅色衣服束入下半身深色的裙或裤内，便可掩饰这个缺点，并配以宽皮带系紧，可使腰部看上去更纤细。

2. 全身穿冷色，并穿细条纹的长裤分散视线，可巧妙掩饰小腹凸出的缺点，包括皮带、丝巾、鞋、袜等都采用冷色系的搭配。

　　3.以萝卜形长裤搭配宽松毛衣,并用配件(帽子、围巾、皮带)将重心置于上方。

臀肥腰细者穿衣窍门 >>>

　　1.以细褶或收腰的长白衬衫盖着冷色系裙子的掩饰法最简单也最漂亮。

　　2.穿着摇曳生姿的及膝圆裙,避免穿窄裙、直筒裙。

　　3.将上衣束入有后袋的裤子,并用深色的皮带束系。

平胸女性穿衣窍门 >>>

　　上衣要尽量精致讲究一些,样式复杂些,可以多加一些有变化的线条和装饰,比如在胸部多加些装饰,给人造成错觉,显得胸部丰满。穿衣也宜穿短、大、厚实的外衣,颜色鲜亮些,不适合穿贴身的衣服。

O 形腿人的着装窍门 >>>

　　可穿长裙将腰部以下完全遮盖,这样就掩盖了不太美观的腿形。若想让下半身透透气,可穿着裤管宽松、不太贴身的长裤。(见右图)

骨感女性的穿衣窍门 >>>

适宜穿高领的上衣，颜色以暖色调为主。女性可以在袖口、胸部点缀花边，也可配上一条腰带。纤细的腿适合穿直纹裤子，腰间可以有口袋等装饰品，以转移视线。AB裤、硬挺的长裤搭配合身的上半身也是很好的选择。太瘦的人要尽量选择棉、麻等看起来有分量的布料。搭配上以多层次为原则，例如，衬衫外面加一件背心，脖子上围条丝巾等。想穿出丰臀，可以选择松紧带设计、下身蓬松的裙装。不要穿贴身的丝质衣服和没有袖的衣服。

胖人穿衣小窍门 >>>

体形较胖的人，一股都给人脖颈粗短的感觉，因而选用低领"V"形上衣更好些。胖人的着装不宜太"花"，宜穿色泽暗淡的衣料，上身宽疏款式，切忌穿紧身衣服。

短腿者巧穿皮靴 >>>

裙摆和鞋筒不要结束在小腿最粗的地方，最好搭配同色的长筒靴或短靴，并且要让裙摆盖住靴子的上缘，给人以下身线条一气呵成的感觉。如果要穿短裙，最好穿长筒靴，可使腿部看上去显得修长。

腿粗者巧穿皮靴 >>>

　　最好避免穿露出小腿肚的短靴或直筒靴，不妨选择可修饰小腿的及膝靴，特别是那种包裹脚踝并可清楚看见脚踝形状的款式。细高跟、尖头的设计更可强化女性曲线，也是很好的选择。

上班族如何选择皮包 >>>

　　1.使用公文包和手提包时，无论男女都应提在左手，以免在与人握手时，因换手而显得手忙脚乱。
　　2.女性上班时，用的皮包应该大一些，这样可以存放较多的必备用品，但式样必须大方，与上班形象相符合。（见下图）

衣物清洗

经济实用洗衣法 >>>

用肥皂取代洗衣粉，省钱，洁衣，有意外的效果，且易漂洗。具体方法是：在洗衣机的洗衣桶内同时放入肥皂、衣物，加足水。随着洗衣机波轮的转动，衣物和肥皂不断旋转摩擦，即可渐渐去污。桶内肥皂水达到一定浓度，即可把肥皂取出。若要立即见效，一次可放进 3～5 块肥皂，经旋转摩擦两分钟后取出，也可视皂液浓度决定取出的时机或增加肥皂的数量。

蛋壳在洗涤中的妙用 >>>

把蛋壳捣碎装在小布袋里，放入热水中浸泡 5 分钟捞出，用泡蛋壳的水洗脏衣服，格外干净（一只鸡蛋壳泡的水，可洗 1～2 件衣服）。（见下图）

洗衣快干法 >>>

衣服上某个部位沾了污迹，用去污剂洗净后，用电吹风吹干，几分钟后便可穿用。

鞋子快干法 >>>

将刚刷洗完的鞋子放入洗衣机的甩干桶中，鞋面靠着机壁，两只鞋要对称放置。放好后，开启洗衣机脱水按钮，将鞋子甩几分钟，取出晾晒，既不淌水又干得快。

洗涤用品的选择 >>>

1. 柔顺剂：目前，市面上的各种柔顺剂主要是起柔顺、去静电和提高舒适度的作用。冬季容易起静电，价格便宜的柔顺剂正好能派上用场。

2. 羊毛专用洗液：这种清洗液专门用于羊毛制品的洗涤，它的成分温和不伤害羊毛结构，还有柔顺羊毛的作用，但价格稍贵一些。

3. 特殊洗液：一般用于洗涤内衣、内裤和宝宝的衣物，洗涤效果好，质量很高。

棉织物的洗涤 >>>

棉织物的耐碱性强，不耐酸，抗高温性好，可用各种肥皂或洗涤剂洗涤。洗涤前，可在水中浸泡几分钟，但不宜过久，以免颜色受到破坏。最佳水温为 40 ~ 50℃，贴身内衣不可用热水浸泡，以免使汗渍中的蛋白质凝固而附着在内衣上。漂洗时采取"少量多次"的办法，每次冲洗完后应拧干，再进行第二次冲洗。在通风阴凉处晾晒，避免在日光下暴晒。

巧洗丝织品 >>>

洗丝织品时，在水里放点醋，能保持织品原有的光泽。

麻类织物的洗涤 >>>

麻纤维刚硬，抱合力差，洗涤时不能强力揉搓，洗后不可用力拧绞，也不能用硬毛刷刷洗，以免布面起毛。有色织物不要用热水烫泡，不宜在阳光下暴晒。

亚麻织物的洗涤 >>>

水温不宜超过 40℃，选用不含氯漂成分的中性或低碱性洗涤剂；洗涤时应避免用力揉搓、尤其不能用硬刷，洗涤后不可拧干，但可用脱水机甩干，用手弄平后挂晾。

巧洗毛衣 >>>

　　洗涤时水温切忌过高，这样会破坏毛绒松软性，最好用冷水或温水。用专门的高级毛织品洗涤剂泡成的溶液浸洗。切忌用搓板洗和用力搓，要用手轻揉，可上下提拎多次；不要使劲拧干，应用手攥，再用大毛巾包好拧去水分晾到阴凉处。

干洗衣物的处理 >>>

　　干洗衣物取回后，不要立即穿上，最好先将塑料套去掉，晾在通风处，让衣物上的洗涤溶剂自然挥发。等到没有异味时，再放入衣柜或穿着使用。如果长时间不穿用，务必做好防虫处理。（见右图）

巧洗羊毛织物 >>>

　　羊毛不耐碱，要用中性洗涤剂洗涤，水温不应超过40℃，否则会变形；切忌用搓板搓洗，即使用洗衣机洗涤，也应该轻洗；洗涤时间也不要过长，防止缩绒；洗涤后不要拧绞，用手挤压除去水分，然后沥干；用洗衣机脱水时以半分钟为宜；在阴凉通风处晾干，不要在强日光下暴晒。

巧洗衬衫 >>>

衬衣领和袖口不易洗干净，洗前可在衣领、袖口处均匀地涂一些牙膏，用毛刷轻轻刷洗一会儿，再用清水漂清，即可干净。

巧洗白色袜子 >>>

白袜子若发黄了，可用洗衣粉溶液浸泡 30 分钟后再进行洗涤。

洗牛仔服小窍门 >>>

取 1 盆凉水，加 1 勺盐，然后将牛仔服放入盆中浸泡 1 小时，然后用洗衣粉按常法刷洗，既可迅速去除污垢，又可使牛仔服不易褪色。

巧洗内衣 >>>

1. 内衣最好单独洗涤，能防止内外衣物交叉感染或被其他色沾染。
2. 要使用中性洗剂，避免将洗衣液直接倾倒在衣物上，正确方法是先用清水浸泡 10 分钟。洗柔和细致的高档面料时，为了使它的色彩稳定及使穿着时间有效延长，水温应控制在 40℃ 以下。

巧洗衣领、袖口 >>>

　　衣领、袖口容易变脏，很难用肥皂或洗衣粉洗干净，这时可以用洗发水、剃须膏或者牙膏涂在污迹处，再用刷子刷，便很快就能洗干净。如果是机洗，可将衣物先放进溶有洗衣粉的温水中浸泡 15～20 分钟，再进行正常洗涤，也能洗干净。或者把衣领、袖口浸湿，抹上肥皂或洗衣粉，再放进洗衣机内，也可洗净。

巧洗帽子 >>>

　　在洗帽前先找一个和帽子同样大小的东西（如瓷盆、大玻璃瓶等）把帽子套在上面洗刷，晾晒，等快干时再用手整理一下，干了就不会变形。（见右图）

巧洗黄金饰品 >>>

　　把黄金饰品放入冷开水与中性洗衣粉调和水中浸泡 15 分钟

（忌用自来水和偏酸碱洗衣粉），再用软毛刷轻刷表面，最后用冷开水冲净。

巧刷白鞋 >>>

白色的鞋子刷洗后易留下黄斑，最后一遍漂洗时加少量白醋（记住是白醋，重点在白），泡半小时，晾时在表面贴上白纸巾，干后就会亮白如新。（见右图）

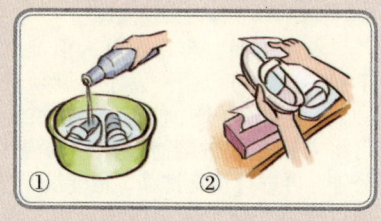

巧擦皮革制品四法 >>>

1. 用喝剩的牛奶擦皮鞋或其他皮革制品，可防止皮革干裂，并使其柔软美观。

2. 擦皮鞋时，往鞋油里滴几滴醋，擦出的皮鞋色鲜皮亮，而且能保持较长时间。

3. 香蕉皮含有单宁等润滑物质，用它来擦拭皮鞋、皮包的油垢脏物，可以使皮面洁净如新。

4. 擦皮鞋时，和少许牙膏与鞋油同时擦拭，皮鞋会光亮如新。

巧除咖啡渍、茶渍 >>>

　　衣服上洒上咖啡或茶水，如果立即脱下用热水搓洗，便可洗干净。如果污渍已干，可用甘油和蛋黄的混合溶液涂拭污渍处，待稍干后，再用清水洗涤即可。

巧去油渍 >>>

　　1. 用餐时衣服被油迹所染，可用新鲜白面包轻轻摩擦，油迹即可消除。

　　2. 丝绸饰品如果沾上油渍，可用丙酮溶液轻轻搓洗即可。

　　3. 深色衣服上的油渍，用残茶叶搓洗能去污。

　　4. 翻毛裘衣沾上油渍，可在油渍处适当撒些生面粉，再用棕刷顺着毛擦刷，直到油渍去掉。然后，用藤条之类拍打毛面，全部除去余粉，使毛绒蓬松清洁。

巧去汗渍 >>>

　　1. 将被汗液染黄的衣服，放在温水里浸 10 分钟左右，然后在污染处用去污粉搓洗数次，就可洗净。

一些常见去污去渍物品

2. 将衣服浸泡在 3% 的盐水里约 10 分钟，再用清水漂洗后，用肥皂洗，即可除掉汗渍。

3. 丝绸饰品的汗渍，可加洗涤剂漂洗，如果效果不理想，可将汗渍部分浸入稀释盐酸溶液中轻轻搓洗，最后用清水漂洗。

巧去油漆渍 >>>

衣服沾上油漆、喷漆污渍，可在刚沾上漆渍的衣服正反面涂上清凉油少许，隔几分钟，用棉花球顺衣料的经纬纹路擦几下，漆渍便消除。旧漆渍也可用此法除去，只要略微涂些清凉油，漆皮就会自行起皱，即可剥下，再将衣服洗一遍，漆渍便会荡然无存。

新渍可用松节油或香蕉水揩拭污渍处，然后用汽油擦洗即可。陈渍可将污渍处浸在 10% ~ 20% 的氨水或硼砂溶液中，使油漆溶解后用毛刷擦污迹，即可除去。

巧去奶渍 >>>

1.新渍立即用冷水洗，陈渍应先用洗涤剂洗后再用1：4的淡氨水洗。如果是丝绸料，则用四氯化碳揉搓污渍处，然后用热水漂洗。

2.把胡萝卜捣烂，拌上点盐，可擦掉衣服上的奶渍、血渍。

除番茄酱渍 >>>

将干的污渍刮去后，用温洗衣粉溶液洗净。

巧去呕吐迹 >>>

用汽油擦拭，再用5%的氨水擦拭，最后用温水洗清；或者用10%的氨水将呕吐液迹润湿，再用加有酒精的肥皂液擦拭，最后用洗涤剂洗净。

巧去血迹 >>>

如血迹未干，可立即放入清水中揉洗；如血迹已干，可用氨水擦洗，再用清水漂洗，即可除去血迹。

巧除果汁渍 >>>

1.新染上的果汁可先撒些食盐，轻轻地用水润湿，然后浸在肥皂水中洗涤。

2. 在果汁渍上滴几滴食醋，用手揉搓几次，再用清水洗净。

巧去酒迹 >>>

如果白衬衣上留下了酒迹，可用煮开的牛奶或少量西瓜汁搓洗，即可去除污迹。

除尿渍 >>>

刚污染的尿渍可用水洗除，若是陈迹，可用温热的洗衣粉（肥皂）溶液或淡氨水或硼砂溶液搓洗，再用清水漂净。

除圆珠笔油渍 >>>

将污渍用冷水浸湿后，用苯丙酮或四氯化碳轻轻擦去，再用洗涤剂洗净。不能用汽油洗。也可涂些牙膏加少量肥皂轻轻揉搓，如有残痕，再用酒精擦拭。

除锈渍 >>>

用 1% 的草酸溶液擦拭衣服上的锈渍处，再用清水漂洗。

除口红渍 >>>

衣物沾上口红，可涂上卸妆用的卸妆膏（清面膏）。水洗后再用肥皂洗，污渍就会完全被清除。

巧去皮革污渍 >>>

先将鸡蛋清或鸭蛋清搅拌一下，然后用布蘸蛋清擦抹污处，污渍即可擦净，随后再用清洁柔软的布将蛋清擦净。若领口、袖口和前襟处有油垢擦不掉，可在油垢处滴几滴氨水和酒精配制的去油剂，再用布擦除。污渍擦净后还要上光，即用软布蘸鸡油或鸭油（不可用猪、牛、羊油）涂抹皮革服装，且要尽量涂薄涂匀，10分钟后擦净多余的鸡油或鸭油，皮革服装就会光亮如新了。

巧去口香糖 >>>

衣物上粘有口香糖难以除去，可将衣服放置冰箱内一段时间，口香糖经冷冻变脆，用刀片就容易刮掉了。（见右图）

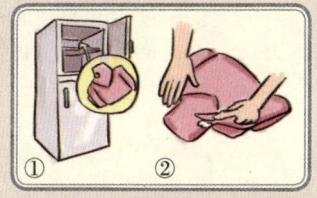
① ②

熨烫、织补与修复 ∾

简易熨平 >>>

如果手边没有电熨斗，可以用平底搪瓷茶缸盛上开水，代替电熨斗。这种方法操作简便，也不会熨煳衣料。

巧法熨烫衣裤 >>>

熨衣裤时，如果在折线上铺一块浸泡过醋的布，然后再用熨斗烫，就会非常笔挺。此外，直接用醋弄湿衣裤的折线再烫也可以。

毛呢的熨烫 >>>

如果从正面熨烫，则要先用水喷洒一下，让毛料有一定的湿度，在熨烫时，熨斗一定要热。最好的方法是从反面垫上湿布再熨，因为毛料衣服有收缩性。

棉麻衣物的熨烫 >>>

在熨烫棉麻衣物时，熨斗的温度要偏高，而且要先熨烫衣里，熨烫时要用垫布，以防损伤衣物。

亚麻织物的熨烫应该在半干时熨烫，双面沿纬向横烫，以保持织物原有的光泽。

丝绸衣物的熨烫 >>>

丝绸衣物清洗干净以后，滴干水，趁半干之际装进纸袋内放入冰箱速冻室冷冻10分钟左右，再拿出来熨烫就非常快捷容易。丝绸衣物容易熨煳，倘若在衣物背面喷些淀粉浆，则可防止把衣物烫坏。

毛衣的熨烫 >>>

熨烫毛衣最好用大功率蒸汽熨斗，若用调温熨斗必须垫湿布，不要烫得太干。熨烫毛衣的顺序是先领后袖，最后是前后身，折叠时将领子前胸折叠在外、呈长方形放置。

巧除领带上的皱纹 >>>

打皱了的领带，不用熨斗烫也能变得既平整又漂亮，只要把领带卷在啤酒瓶上，第二天再用时，原来的皱纹就消除了。（见右图）

29

巧熨有褶裙 >>>

熨烫带有褶皱的裙子时，应先熨一遍褶边，然后再熨整个褶。

衣物恢复光泽的小窍门 >>>

要想使衣服熨后富有光泽，可在洗衣服时掺入少量牛奶。

巧穿针 >>>

缝补衣物穿不上针时，可将线头蘸点指甲油，稍等片刻，线就容易穿过了。这是一种在你失去耐心时最有效的办法。（见右图）

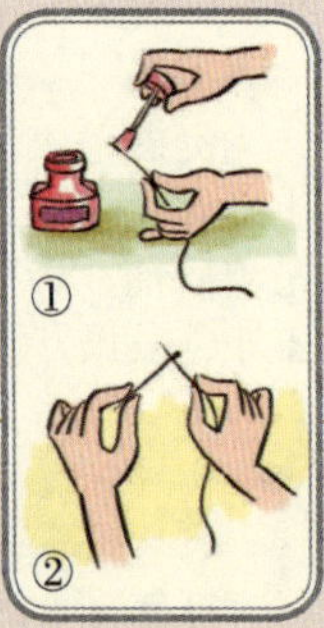

①

②

棉织物烫黄后的处理 >>>

棉织物烫黄后，可撒些细盐，然后用手轻轻揉搓，再放在太阳底下晒一会儿，最后用清水洗，焦痕可减轻或消失。

巧补皮夹克破口 >>>

穿皮夹克稍不小心，极易被锐器刮破，如不及时修补，破口会越来越大。可用牙签将鸡蛋清涂于破口处，对好茬口，轻轻压实，待干后打上夹克油即可。

白色衣服泛黄的处理 >>>

白色衣裤洗后易泛黄，可取1盆清水，滴2～3滴蓝墨水，将洗过的衣裤再浸泡1刻钟，不必拧干就放在太阳下晒，这样洗过的衣服洁白干净。

防衣物褪色法 >>>

1. 染色衣物经过洗涤，往往会发生褪色现象，如果将衣服洗净后，再在加有2杯啤酒的清水中漂洗，褪色部位即可复色。

2. 洗涤黑色棉布或亚麻布衣服时，在最后一道漂洗衣服的水里加些浓咖啡或浓茶，可以使有些褪色的衣服变黑如初。

3. 凡红色或紫色棉织物，若用醋配以清水洗涤，可使光泽如新。

4. 新买的有色花布，第一次下水时，加盐浸泡10分钟，可以防止布料褪色。

防毛衣缩水的小窍门 >>>

要防止毛线衣缩水，洗涤时水温不要超过

30℃；用高级中性肥皂片或洗涤剂洗涤（水与洗涤剂的比例应为3∶1）；过最后一遍水时加少许食醋，能有效保持毛衣的弹性和光泽。

巧法防皮鞋磨脚 >>>

可以用一块湿海绵或湿毛巾，将磨脚的部分皮面沾湿，1小时后，皮面就软化多了，穿在脚上就不那么难受了。

皮鞋发霉的处理 >>>

皮鞋放久了发霉时，可用软布蘸酒精加水（1∶1）溶液进行擦拭，然后放在通风处晾干。对发霉的皮包也可如此处理。

鞋垫如何不出鞋外 >>>

找块布剪成"半月"形给鞋垫前面缝上个"包头"，如同拖鞋一样。往鞋里垫时，穿在脚上用脚顶进去，而且脱、穿自如。（见右图）

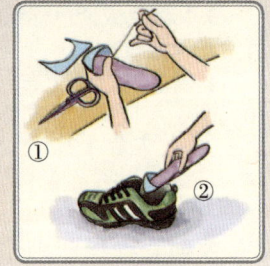

保养与收藏 🌊

麻类服装的保养 >>>

亚麻西装等外衣，应该用衣架吊挂在衣柜里，以保持服装的挺括。

丝织品的保养 >>>

丝织衣物最好干洗，丝的品质不容易受干洗溶剂的影响，因此干洗是保养丝织物最安全的方法。如果可手洗，要使用中性洗涤剂，而且不要搓揉，熨烫时也要用中温，避免阳光直射，以免褪色。

巧去呢绒衣上的灰尘 >>>

将呢绒衣平铺在桌子上，把一条较厚的毛巾在温水（45℃左右）中浸透后，不要拧得太干，放在呢绒衣上，用手或细棍进行弹性拍打，使呢绒衣上的灰尘跑到热毛巾上，然后洗涤毛巾，反复几次即可

除尘。如有折痕，可以顺毛熨烫。最后将干净的呢绒衣挂在通风处吹晾。（见上页图）

白色衣物除尘小窍门 >>>

　　白色的被、帐、衣服等如果尘垢较多，可用白萝卜煎汤来洗。这样能去除污垢，且洁白如初。

巧晒衣物 >>>

　　衣服最好不要在阳光下曝晒，应在阴凉通风处晾至半干时，再放到较弱的太阳光下晒干，以保护衣服的色泽和穿着寿命。晾晒衣服不可拧得太干，应带水晾晒，并用手将衣服的襟、领、袖等处拉平，这样晾晒干的衣服会保持平整，不起褶皱。毛衣洗毕脱水后，可放置于网或帘子上平展整形。待稍微干燥，便挂吊在衣架上选一个通风背阴处晾干。细毛线晾晒前，可先在衣架上卷上一层毛巾或浴巾，防止变形。

皮包的保养 >>>

　　真皮包不用时，最好置于棉布袋中保存，不要用塑料袋，因为塑料袋内空气不流通，会使皮革过干而受损，包内塞上一些纸以保持皮包形状。

　　皮包保存不当易生霉点。对此，可用干皮子或布擦一遍，然后涂上凡士林油，待 10 分钟后，再用干净布擦一擦，这样可使皮制品像新的一样。

延长皮带寿命的窍门 >>>

新买的皮带，先用鸡油均匀地涂抹一遍，这样，皮带就变得比较柔软而且具有光泽。鸡油可以防止汗液侵蚀皮带，从而延长皮带的使用时间。

如何提高丝袜使用寿命 >>>

把新丝袜在水中浸透后，放进电冰箱的冷冻室内，待丝袜冻结后取出，让其自然融化晾干，这样在穿着时就不易损坏。对于已经穿用的旧丝袜，可滴几滴食醋在温水里，将洗净的丝袜浸泡片刻后再取出晒干，这样可使尼龙丝袜更坚韧而耐穿，同时还可去除袜子的异味。

去除鞋内湿气 >>>

1. 脚汗多的人，可在每晚睡觉前将石灰粉装入一个小布袋里，放进鞋内吸潮，第二天穿着干燥舒适。

2. 冬季穿棉鞋或毛皮鞋，透气性差，里边易潮湿，又不便干燥。这时，如用电吹风向鞋内吹上几分钟，即可干燥温暖，穿着舒适。

皮鞋除皱法 >>>

皮鞋如出现少许皱纹或裂痕，可先涂少许鸡蛋清，然后再涂鞋油，如果是较大的皱纹，可以将石蜡嵌填在皱裂处，用熨斗熨平。

皮鞋"回春"法 >>>

皮鞋经过近半年的存放，皮革中的皮质纤维易发干发脆，膛底收缩变形。这时不要急于硬穿，要往膛底上刷一层水，隔一天鞋就会自然伸开，并恢复原样。

鞋油的保存 >>>

把包装好的鞋油放在冰箱中冷藏，能避免变干变硬。（见右图）

皮鞋淋雨后的处理 >>>

雨天穿过的皮鞋，往往会留下明显的湿痕，可以把蜡滴入鞋油中，然后涂上鞋油，过几分钟后，不仅很光滑，更可以防龟裂。皮鞋踩过水后，趁它潮湿时在鞋底抹一层肥皂，放在阴凉处晾干，可以避免变硬变小。要使潮湿的鞋子快点干，可以把旧报纸卷起来，塞在鞋子里。

化纤衣物的收藏 >>>

1.化纤类服装收藏前，一般只能用洗衣粉洗，决不能用肥皂。因为肥皂中的不溶性皂垢会污染化纤布。

2.合成纤维类服装不怕虫蛀，但收藏前仍须洗净晾干，以免发生霉斑。尽可能不用樟脑丸。因樟脑的主要成分是萘，其挥化物具有溶解化纤的作用，会影响化纤织物的牢度。

羽绒服的收藏 >>>

羽绒服在收藏时，不宜折叠或重压，只能挂藏，以免变形。带有塑料拉链的羽绒服，应将拉链拉合保存，避免拉链牙子走形。

真丝品的收藏 >>>

收藏真丝品时，衣柜内要放防虫剂，但不要直接接触衣服，不宜长期放在塑料袋中。存放时应衬上布。放在箱柜上层，以免压皱。不要用金属挂钩挂衣，防止铁锈污染。衣架挂于避光处，以免面料受灯光直接照射而泛黄。

皮鞋的收藏 >>>

1. 皮鞋收藏前，不要擦鞋油，最好是涂抹鸡油，以保持皮面不干皱。

2. 存放时，为防止皮鞋变形，可在鞋内塞好软布、报纸或鞋撑。

3. 要避免与酸、碱和盐类接触，以防损伤革面或变色。

4. 把鞋存放于阴凉、干燥、没有灰尘的地方，最好放在鞋盒内，或者装入不漏气的塑料袋里，用绳子将袋口扎紧，上面不应重压。（见右图）

巧除球鞋臭味 >>>

缝两个小布袋，里面装上干石粉，扎上口，脱鞋后立即将其放在鞋里，既可以吸湿，又可以去除臭味，再穿时干燥无味，比较舒适。或者将少量卫生球粉均匀地撒在鞋垫底下，可除去脚臭，一般1周左右换撒1次。

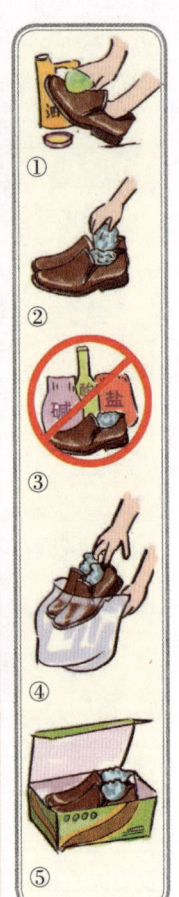

美容妙方

美容秘方 DIY

美白护肤 🌊

软米饭洁肤 >>>

米饭做好后，挑些比较软、温热的揉成团，放在面部轻揉，直到米饭团变得油腻污黑，然后用清水洗掉，这样可使皮肤呼吸通畅，减少皱纹。（见下图）

黄酒巧护肤 >>>

取黄酒 1 瓶倒入洗脸水中，连洗 2 周，肌肤会变得细腻。

干性皮肤巧去皱 >>>

用 1 只鸡蛋黄的 1/3 或全部，维生素 E 油 5 滴，混合调匀，敷面部或颈部，15 ~ 20 分钟后用清水冲洗干净，此法适用于干性皮肤，可抗衰老，去除皱纹。

自制蜂蜜保湿水 >>>

做法：将1茶勺蜂蜜、10毫升甘油、100毫升水混合，搅拌均匀即可。每天早晚洁面后，将蜂蜜保湿水倒在化妆棉上，轻轻拍打脸部，直到保湿水被肌肤完全吸收。因为蜂蜜可以维持肌肤水分和油分平衡，而保湿效果超强的甘油可以将水分和营养成分牢牢锁在肌肤里，使水分不易流失。这款保湿水适用于中性或中性偏干肤质，可以使肌肤柔软有弹性，给肌肤24小时的全面呵护。

黄瓜片美容 >>>

要睡觉的时候，拿小黄瓜切薄放置脸上过几分钟拿下来，由于皮肤吸收了天然瓜果中的营养成分，1个月后你的脸就会变得白嫩。（见右图）

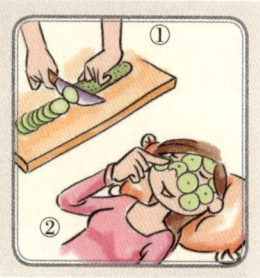

淘米水美容 >>>

将淘米水沉淀澄清取澄清液，经常坚持用澄清液洗脸后再用清水洗 1 次，不仅可使面部皮肤变白变细腻，还可除去面部油脂。

巧用橘皮润肤 >>>

把少许橘皮放入脸盆或浴盆中，热水浸泡，可发出阵阵清香，用橘皮水洗脸、浴身，能润肤，治皮肤粗糙。

西红柿美白法 >>>

西红柿性微寒，含有大量维生素 C。将西红柿捣烂取汁，加入少许白糖，涂于面部等外露部位皮肤，能使皮肤洁白、细腻。（见右图）

简易美颜操 >>>

1. 闭嘴，面对镜子微笑，直到两腮的肌肉疲劳为止。这个动作能增强肌肉的弹性，保持脸形。早上起床后也应做几次。

2. 把眼睛睁大，睁得越大越好，绷紧脸部所有的肌肉，然后慢慢放

①
②
③
④
⑤

松。重复4次。这个动作有利于保持脸部肌肉的弹性。

3.皱起并抽动鼻子，不少于12次。这个动作能使血液畅流鼻部，保持鼻肌的韧性。

4.将注意力集中于腮部，双唇略突，使两腮塌陷。重复几次，这个动作能防止嘴角产生深皱纹。

5.鼓起两腮，默数到6。重复1次，这个动作能保持腮部不变形。

上网女性巧护肤 >>>

电脑辐射最强的部位是显示器的背面，其次是左右两侧。屏幕辐射产生静电，最易吸附灰尘，长时间面对面，容易导致斑点与皱纹。因此上网前不妨涂上护肤乳液，再加一层淡粉，使之与脸部皮肤之间形成一层"隔离膜"。上网结束后，第一项任务就是洁肤，用温水加上洁面液彻底清洗面庞，将静电吸附的尘垢通通洗掉，然后涂上温和的护肤品。久之可减少伤害，润肤养颜。

柠檬汁洗脸可解决毛孔粗大 >>>

在洗脸的清水中滴入几滴柠檬汁，这样做不仅可以收敛毛孔，也能减少粉刺和面疱的产生。这种方法适合油性肌肤的人，要注意柠檬汁的浓度不可太浓，而且更不可将柠檬汁直接涂抹在脸上。

夏季皮肤巧补水 >>>

外出时携带喷雾式的矿泉水，在离脸部 15 厘米处均匀喷洒于面部，可随时补充肌肤水分。

鸡蛋巧去皱 >>>

做菜时，将蛋壳内的软薄膜粘贴在面部皱纹处以及脸颊、下巴部位，任其风干后再揭下来，用软海绵擦去油性皮肤的死皮；如果是干性皮肤，应涂些植物油再擦去死皮，最后洗净。

巧法去黑头 >>>

小苏打加适量的水，一般混合后的水有点白色就可以了。拿一片化妆棉浸湿，挤干一些，敷在鼻子上。15 分钟后，拿去。用纸巾轻揉（擦或挤的动作）鼻翼两侧，慢慢黑头就出来了。清洗一下，拍上适量的收敛水。（见下图）

促进皮肤紧致法 >>>

   沐浴时，用喷水头靠近皮肤，使水有力地喷射在身上，可使皮肤光洁，紧绷有弹性。从不同的角度喷射，能够增加刺激，促进血液循环和新陈代谢。

鸡蛋祛斑妙招 >>>

   取新鲜鸡蛋 1 只，洗净揩干，加入 500 毫升优质醋中浸泡 1 个月。当蛋壳溶解于醋液中之后，取 1 小汤匙溶液掺入 1 杯开水，搅拌后服用，每天 1 杯。长期服用醋蛋液，能使皮肤光滑细腻，扫除面部所有黑斑。（见右图）

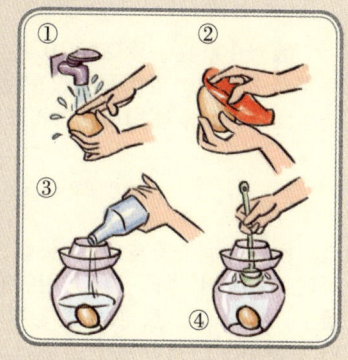

巧用芦荟去青春痘 >>>

   若有又红又大的带脓青春痘，可用芦荟的果冻状部分敷贴于患部，可以消肿化脓。一般较小的青春痘则可用芦荟轻轻按摩或敷面。

维生素 E 祛斑 >>>

每晚睡前，洗完脸后将 1 粒维生素 E 胶丸刺破，涂抹于患部稍加按摩，轻者 1～2 个月，重者 3～6 个月可见效。或者将维生素 E 药片碾成粉状，再用温水调成糊状，每日抹在脸上，2 周后斑可消失。

酸奶面膜减淡雀斑 >>>

酸奶 100 克，珍珠粉 10 克。将以上 2 料放在同一容器中搅匀，当作面膜敷在脸上 15 分钟，用清水洗净面部。经常使用可减淡雀斑。

鲜茭白治疗酒糟鼻 >>>

鲜茭白剥去外皮，洗净捣烂，每晚涂抹鼻上薄薄一层，用纱布盖上，加胶布固定，次日晨洗去。白天则用茭白挤汁涂上，每日涂抹 2～3 次。同时用鲜茭白 100 克煎水，早晚各 1 次分服。按此法连续治 1 周，鼻子恢复正常，即可停止。如还有微红，可继续治疗，直到痊愈。（见右图）

巧用橄榄油护手 >>>

把橄榄油加热后涂满双手，然后戴上薄的棉手套，10分钟后洗净即可，双手会变得幼嫩光滑。如果有时间还可以戴上一副手套，效果会更好。

巧用维生素 E 护手 >>>

用含维生素E的营养油按摩指甲四周及指关节，可去除倒刺及软化粗皮。

手部护理小窍门 >>>

将1勺食用白醋放入半盆温水调和，在洗净手之后，把手浸入盆中，并加以按摩，按摩的方法随意，

毕竟手部皮肤没有脸上的脆弱，注意指关节也适当按摩一下就可以了。泡到水凉，此时手变得更白更细，马上涂上手霜加以按摩，有条件的话戴上棉质手套睡一觉。每周1次即可。（见上页图）

修剪指甲的小窍门 >>>

修剪指甲前要先用温水把指甲泡软，就不会使指甲裂开。

巧用醋美甲 >>>

在涂指甲油前，先用棉球蘸点醋，把指甲擦洗干净。等醋完全干了以后，再涂指甲油，就不容易脱落了，可保持光亮生辉。（见右图）

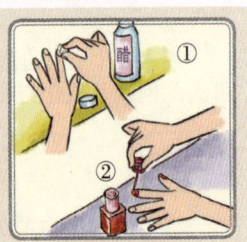

去除足部硬茧的小窍门 >>>

将足部去角质乳霜涂在双足硬茧部位用手搓揉，不久就可将硬皮磨掉。

改善脚部粗糙的小窍门 >>>

1.每天浴后先以足部磨砂膏敷在局部，再以浮石磨去脚底硬皮，双足就可恢复纤柔细嫩了。

2. 先用足部护理液浸泡双足 10 分钟以软化脚皮，再涂上足部磨砂膏，用打圈方式按摩脚部，最后用足部浮石或锉刀去除粗糙的表皮，擦干双足后涂上润足液。

去脚肿小窍门 >>>

每天固定花 10 分钟，用甘菊精油由下往上、从脚尖往小腿肚按摩双脚，不舒服的肿胀感很快就会消失。

泡脚小窍门 >>>

用热水泡脚，可成功杜绝双脚和双腿老化。将热水注入深及膝盖的小水桶中，水温以脚可忍受的热度为极限，每天至少泡 10 分钟，让额头微微出汗，然后去角质、擦乳液，以避免脚后跟过早老化，有效消除脱皮现象。如果龟裂情况严重，擦完乳液后穿上袜子睡觉，效果更好。

双足放松小窍门 >>>

1. 脱掉鞋子，卷曲脚趾夹住书本的边缘，当脚部柔韧性提高后，就能将书本翻页。这样做，可以解除疲劳，强壮脚部肌肉。

2.地板上放 1 只空瓶子，光脚踩在上面滚动，可以刺激血液循环并且起到按摩的作用。

3.用脚趾夹起木棍、铅笔，以此来拉抻韧带，松弛紧张的肌肉。

4.站久了，抬起脚趾，脚跟着地。重复几次，这项活动可以重新分布脚上所承受的压力。（见右图）

氯霉素滴眼液去灰指甲 >>>

每天晚上睡觉前把手（或脚）洗干净，在灰指甲上（包括缝里）滴上几滴氯霉素滴眼液。滴数日后，从指甲根部开始逐渐正常，眼药液必须滴到完全长出新指甲，最好多坚持数天巩固一下更好。

韭菜汁治手掌脱皮 >>>

治疗手脱皮，可取鲜韭菜 1 把，洗净捣烂成泥，用纱布包好，拧出其汁，加入适量的红白糖，每日服 1 次，一般连服 4 次可愈。

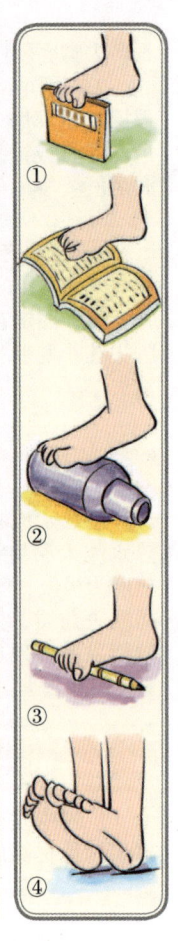

50

美目护齿 🌊

苹果祛黑眼圈 >>>

将苹果洗净切成片，敷于眼部 15 分钟后洗净。（见下图）

巧用黄瓜消除下眼袋 >>>

在眼袋部位敷上小黄瓜片，用来镇静肌肤以减轻下眼袋现象。

奶醋消除眼肿 >>>

早晨起来时，"眼皮肿"是常见现象。可用适量牛奶加醋和开水调匀，然后用棉球蘸着在眼皮上反复擦洗 3 ~ 5 分钟，最后用热毛巾捂一下，很快就会消肿。

按摩法改善鱼尾纹 >>>

把适量的按摩膏放在指尖，然后在眼周做顺时针绕圈按摩，5分钟后用温水清洗，再涂上眼部收紧啫哩；用中指点一些眼霜，从眉心开始，向外沿着上下眼睑轻压，连续 4 ~ 6 次。手法一定要轻柔。

使用眼膜的小窍门 >>>

1. 彻底清洁后再使用眼膜，保养成分更容易被吸收。

2. 把眼膜放进冰箱，加倍的冰凉感受敷起来会更舒爽。

3. 用后的眼膜还有剩余的精华液不要浪费，涂在抬头纹或同样需要特别照顾的部位。

4. 敷眼膜时，感到七八分干最好清除掉，以免带走眼周肌肤水分。

5. 大部分眼膜因含有高倍养分精华，建议不要每天敷用。

巧用维生素润唇 >>>

出门前、涂口红前和睡觉前，使用含有维生素 C、维生素 D 和维生素 E 油等，具有良好保湿修复功能的润唇膏；再用柔和的面巾纸轻压唇部，达到双倍功效。

熬夜巧护目 >>>

　　熬夜时最好喝枸杞泡热水的茶，既可以解压，还可以明目。

自制奶粉唇膜 >>>

　　奶粉也有润唇的功效，可将 2 匙奶粉调成糊状，厚厚地涂在嘴唇，充当唇膜。（见右图）

维生素 B$_2$ 治唇裂 >>>

　　冬天嘴唇干裂，可用维生素 B$_2$ 片涂抹患处，2～3 次后便可痊愈。

蒸汽治烂嘴角 >>>

　　做饭、做菜开锅后，刚揭锅的锅盖上或笼屉上附着的蒸汽水，趁热蘸了擦于患处（不会烫伤），每日擦数次，几日后即可脱痂痊愈。

巧去嘴唇死皮 >>>

　　嘴唇上的死皮千万不能用手撕，这样有可能将唇部撕伤；可先用热毛巾敷 3 ~ 5 分钟，然后用柔软的刷子刷掉唇上的死皮，再涂护唇霜；唇部总发干最好不要涂口红。

自制美白牙膏 >>>

取等量的食盐和小苏打，加水调成糊状，每日刷牙 1 次，3 ~ 4 天可除牙齿表层所有色斑，使牙齿洁白。（见右图）

牙齿洁白法 >>>

用乌贼骨研细末拌牙膏，刷几次牙，可使黑黄牙变白。

奶酪可固齿 >>>

奶酪是钙的"富矿"，可使牙齿坚固。营养学家通过研究表明，一个成年人每天吃 150 克奶酪，再加 1 个柠檬，可有效固齿。

选购洁肤品的小窍门 >>>

无论化妆品公司宣传得多么出神入化，洁肤品最终是会洗掉的，所谓包含了什么"神奇"成分，肯定没有想象的那么重要，但是质地和洗完后的触感却很重要。洗后面颊软扑扑的、不紧绷的洁肤品最好。含细微磨砂颗粒的也可以，但最好不要每天用。

选购乳液（面霜）的小窍门 >>>

乳液和面霜最重要的是具有滋润效果，质地要薄，很容易抹匀，不管搽多少都不能感到"黏"。

选购化妆品小窍门 >>>

在选购化妆品时，不应只是看商标、生产厂家、使用说明书或宣传文字，而是要对化妆品的品质加以鉴定。

检验化妆品质地的方法是：用手指蘸上少许，轻轻地涂抹在手腕关节活动处（不是手背），涂抹要薄，然后将手腕活动几下。几秒钟后，如果化妆品会均匀而且紧密地附着在皮肤上，且手腕上有皱纹的部分没有淡色条纹的痕迹时，便是质地细腻的

化妆品。

　　检验化妆品色泽的方法是：将其涂在手腕上，在光线充足的地方看颜色是否鲜明，同时还要看是否与自己的肤色相配。符合者则为较好的化妆品。

　　化妆品的气味要正，即指没有刺鼻的怪味。通常化妆品闻起来应有芬芳清凉的感觉，如果有刺鼻或使人发呕的感觉，或香得过分，就是味不正。（见上图）

妆容持久的小窍门 >>>

　　化妆前先用一片柠檬擦脸，或者化妆完毕后从离开面部一手臂的距离往脸上喷上保湿水，妆容可以更持久，看上去更清爽。

选购口红的小窍门 >>>

　　浅色有银光的口红有使嘴巴显大的效果。皮肤较黑的人，应避免用黄、粉红、银色、淡绿或浅灰色口红，会与肤色形成鲜明的对比，使之显得更为黯淡，可涂暖色系较偏暗红或咖啡系的口红，将皮肤衬托得较白且协调。而肤色较白的人则任何颜色皆可用。（见右图）

巧选香水 >>>

将香水搽一点在手上，等酒精挥发后再闻，只能闻到酒精和合成香料的味儿，而闻不到正宗的香味的为劣质香水。切忌一"嗅"钟情，因为香水接触肌肤后散发的气味，只会维持 10 分钟左右，随后的中调和基调才是持续伴随你的香气，所以不要在 10 分钟内下决定。

令皮肤闪亮的小窍门 >>>

化妆品往往遮盖住皮肤上的自然光泽，使脸看上去呆滞得不自然，用一点儿收敛水即可妙手回春。在扑完妆粉之后，将一个棉球在收敛水里浸湿，取出棉球轻轻挤一挤，然后把它在脸上均匀地轻拍一遍，脸庞会立刻光彩照人。注意不要用这棉球拍鼻子，那样会使鼻子过于闪亮。

化妆除眼袋 >>>

　　化妆时用暖色粉底调整脸面的肤色，使眼袋部位的肤色与脸面协调，切忌在眼袋处涂亮色，否则会使之更明显。另外，可以适当加强眼睛、眉毛和嘴唇的表现力，转移别人对眼袋的注意。

巧化妆消除眼睛浮肿 >>>

　　闭上眼睛用浸泡过温的收敛性化妆水的面纸盖住双眼，休息10分钟后取下。如果只用冷水拍洗脸部，然后就涂上粉底或灰褐色而有掩饰效果的化妆品，那只会更显眼部的浮肿。

　　化妆时可在上眼皮的中央涂以稍浓的眼影，周围的眼影则描淡些。眼影颜色以棕色为最佳。描眼线就沿上眉毛轮廓细细地画，并要画成自然的曲线。（见右图）

巧化妆消除眼角皱纹 >>>

　　将乳液状粉底薄涂面部，然后在小皱纹处以指尖轻敲，使粉底有附着力地填进去。减缓其凹陷程度，并可突出重点化妆。

画眼线时，上眼睑不画，下眼睑画以清晰线条但不要画全长，只在眼尾处画全长的1/3即可。眼线笔应为 0.2 ～ 0.5 毫米，颜色开始用棕色，以后可用黑色。

眼睛变大化妆法 >>>

可以尝试用白色的眼线笔来描画下眼线，使一双眼睛显得更大、更具神采。

眉毛的化妆方法 >>>

1. 眉毛过于平直：可将眉毛上缘剃去，使眉毛形成柔和的弧度。

2. 眉毛高而粗：可剃去上缘，使眉毛与眼睛之间的距离拉近。

3. 眉毛太短：可将眉尾修得尖细而柔和，再用眉笔将眉毛画长些。

4. 眉毛太长：可剃去过长的部分，眉尾不宜粗钝，最好剃去眉尾的下线，使之逐渐尖细。

5. 眉毛稀疏：可利用眉笔描出短羽状的眉毛，再用眉刷轻刷，使其柔和自然，不宜将眉毛画得过于

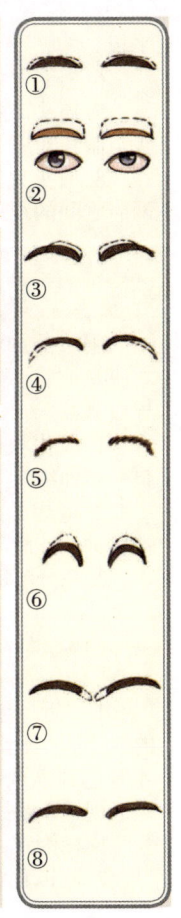

平板。

6.眉毛太弯：可剃去上缘，以减轻眉拱的弯度。

7.眉头太接近：可剃去鼻梁附近的眉毛，使眉头与眼角对齐。

8.眉头太远：可利用眉笔将眉头描长，以缩小两眉之间的距离。（见上页图）

眼妆的卸妆方法 >>>

眼妆的卸妆方向必须依眼皮的肌理进行，采取右眼顺时针，左眼逆时针方向清洁，避免过度拉扯导致皱纹。

1.以化妆棉蘸取适量的卸妆用品，并在睫毛下垫一张面纸。

2.将蘸了卸妆用品的化妆棉，轻轻贴在睫毛处数秒钟，让睫毛膏能充分被溶离。

3.充分溶解后，将化妆棉轻轻地由上往下擦拭。

戴眼镜者的化妆窍门 >>>

1."近"浓，"远"淡。近视镜具有缩小眼睛的效果，因此眼部化妆要比正常人浓艳一些，这样才能达到强调和突出的化妆效果。相反，如果戴的是远视镜，镜片将放大眼睛，此时化妆以柔和淡雅、朦胧模糊为宜，并将睫毛、眼线画得更细致。

2.戴镜化妆，巧加修饰。眼镜本身也是一种装饰品，如果配戴平光眼镜，不受度数等客观条件限制，戴上眼镜后，镜边不应遮住眉毛。对镜子观察自我形象，若肤色较白，镜框和镜片颜色较浅，化妆时应以清淡为主；若二者皆较深，化妆时可浓深一些。涂抹唇膏时，宜视镜框和镜片颜色的深浅而定。如果双眼较小或间距较近，在两侧太阳穴处涂抹适量胭脂与眼镜相配，可以给人美好的视觉印象。假若脸型瘦长，在两颊处涂抹稍浓的胭脂，既显出青春活泼之美，又可从视觉上缩短脸庞。眼睛是心灵的窗口，眼镜是心灵的窗架，镜片是窗上的玻璃，请镶好玻璃，并擦亮它。

厚唇变薄化妆法 >>>

这种画法主要是在唇形外部，用脸底色或掩盖色把多余的部分盖去，涂上粉，然后用唇笔再画出小于原来嘴形的轮廓线，在轮廓线内涂满唇红，而且唇红不要深，在唇的中部还要涂些亮光唇红。如果原来的唇边不明显，还可以用底色一样的掩盖色再涂。（见下图）

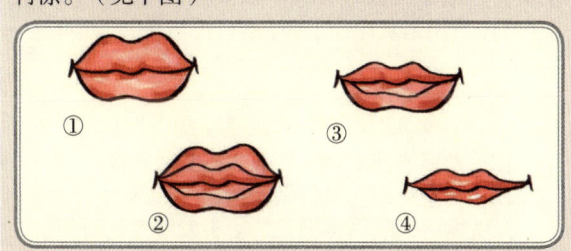

61

护发美发

茶水巧护发 >>>

洗过头发后，再用茶水冲洗，可去垢涤腻，使头发乌黑柔软，光泽美丽。

巧用酸奶护发 >>>

洗发后，用酸奶充当润发乳使用，但一定要记得用温水将酸奶冲洗干净，否则过段时间，酸奶的味道会悄悄飘散。用酸奶护发，秀发不但不会有洗发液残留的问题，摸起来还非常柔顺。

防染发剂污染小窍门 >>>

染发时，在头发的边缘处涂抹一圈食油，可防止染发剂沾染皮肤或衣领。如果一旦皮肤污染上了染发剂，可用烟灰涂在上面，然后再清洗，即可除去。

秀发不带电的八个妙招 >>>

1. 头发不能洗太勤，1 周 2 ~ 3 次足够。
2. 尽量避免用吹风机做发型。
3. 烫发后，隔周再染发，给头发喘息的时间。

4. 烫发前不剪发，否则发丝会变脆、分叉。

5. 受损头发每月修剪，以便恢复营养。

6. 使用柔发液梳头。

7. 梳子齿要疏，最好是抗静电的木质产品。

8. 洗发后，用干毛巾慢慢拭干，不要揉搓，以免发丝缠绕，不易梳理。

巧用丝巾保护发型 >>>

在美容院做好发型，一觉醒来就变形了！不必烦恼，睡前在枕头上铺一条质地光滑的丝巾，就不会弄乱头发，美丽发型便可得以保持。（见下图）

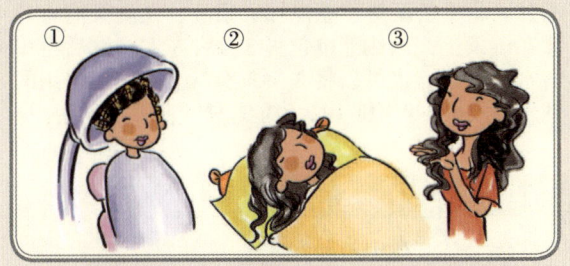

游泳时的头发护理 >>>

1. 游泳前先抹上抗紫外线的发胶、发乳，能减轻紫外线和漂白粉对头发的伤害。

2. 下水前戴好泳帽，最好是橡胶质地的，它弹性大，能将头发紧紧贴住，不易进水。

3.游泳后将头发仔细冲洗一遍，因为头发上有盐和氯的残余物，在阳光的作用下，对头发的伤害更大。（见右图）

巧用芦荟保湿 >>>

芦荟具有补湿效用，能促进头皮新陈代谢，令头发柔顺靓丽，给过分干燥的头发补充大量水分和油分。将1条新鲜芦荟搅拌成浆液，在洗头前将其涂在湿发上，以热毛巾包裹3分钟左右，然后再用清水洗干净。也可以将2～3滴芦荟液加入惯用的洗发水及护发素中使用，也能起防止头皮的作用。

防头发干涩小窍门 >>>

在一盆清水中，加入2～3匙的食用醋，把已经清洗干净的头发放在稀释后的醋中进行漂洗，随后再用清水彻底清洗干净。这样洗过一段时间后，头发会变得柔顺而富有光泽。这是因为醋可以平衡发丝的正负离子含量，达到去角质般的清洁效果，1周1次就足够了。如果你感到醋的味道不好的话，可使用橘子皮、柠檬皮泡的水来代替，它们中的果酸一样有去角质的功效，同时果皮富含的油脂，可让头发不出现干涩的感觉，香味也会更好。

葱泥打头去头屑 >>>

先将洋葱捣成泥状，用纱布包好，用它轻轻拍打头皮，直到洋葱汁均匀地敷在头皮和头发上为止。过几小时后，再将葱泥洗掉，去头皮屑的效果良好。（见下图）

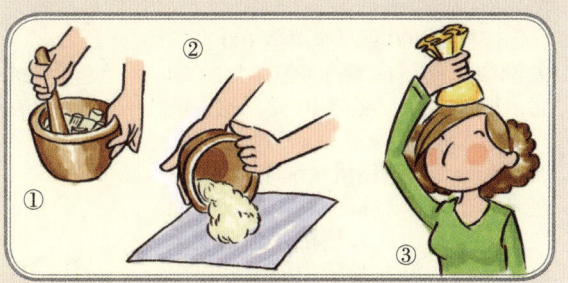

掩盖头发稀少的窍门 >>>

采用中短发型，在发根用中型发卷进行烫发，烫发时间不宜过长，使头发形成较大的弯曲，使发根微微站立。做造型时，着重对发根进行加热，使发尾有轻柔动荡之感，能够产生头发浓密、自然飘逸的视觉效果。如果采用长直发型，缺陷将暴露无遗。

处理浓密头发的窍门 >>>

　　粗硬浓密的头发，如果剪得过短，就会竖起，所以头发粗硬的人不宜梳短发，留中长度头发比较适宜。从正面到侧面做多层次修剪，使发尾飘动，能给人以轻松感。

核桃拌韭菜治白发 >>>

　　核桃仁 400 克，韭菜茎 100 克，大油 200 克，白糖 20 克，食醋 20 克，精盐 2 克，麻油 10 克。先将核桃仁用水泡涨，剥去皮，清水洗净，沥干水分。韭菜用清水洗净，切成 3 厘米长的段。炒锅上火，放入大油烧至七成熟，放入核桃仁炸至浅黄色时捞出，放在盘子中间。另取一碗，放入韭菜，精盐，白糖，食醋，拌匀稍腌，围在核桃仁周围，即成。日常食用可美发护发，并可用于须发早白，皮肤粗糙，阳痿遗精，小便频数，腰膝酸痛等症的辅助食疗。（见右图）

①

②

③

④

⑤

巧用沐浴减肥 >>>

　　水温在42 ~ 43℃，从胸口以下都要泡在水里，直到发汗后走出浴缸；等身体干了之后，再入浴泡到发汗，再出来。一直重复做5次。依个人体质的不同，一个月可瘦4千克左右。

盐疗减肥法 >>>

　　用温水冲湿全身，再用粗盐涂满全身，然后加以按摩，使皮肤发热，至出现红色为止。一般需按摩5 ~ 8分钟，再浸入38℃温水中20分钟。

腹部健美与减肥的捏揉法 >>>

　　每晚睡前及早晨起床前，取仰卧屈腿或左、右侧卧位，用自己的双手或单手，尽力抓起肚皮，从左到右或从右到左顺序捏揉15分钟后，从上至下或由下至上顺序捏揉。此过程，腹部感觉为酸、胀、微痛，其力度以自己耐受为宜，15分钟后，再用手平行在腹部按摩。数日后，腹部酸、胀、微痛感觉减轻甚至消失，逐渐有舒感。这种捏揉方法也可请家人帮助进行。半月后，腹部即可出现良好的健美减肥效果。此外，便秘患者也可有明显改善，随着时间延长、腹部捏揉的时间依自己体态可适当增减，如果每次捏揉后再做数个仰卧起坐和俯卧撑，效果会更好。

花椒粉减肥法 >>>

花椒放入锅内炒煳，研成面状，每天夜里 12 ～ 1 点之间（此时空腹），舀 1 小勺放入杯内，加少许白糖，用开水一冲，喝下即可。（见下图）

荷叶汤减肥法 >>>

每日用干荷叶 9 克（鲜的 50 克左右），煎汤代茶，或把荷叶同大米一起煮成荷叶粥吃。如能坚持天天饮服，两三个月后体重可显著降低，如一时找不到荷叶，荷梗亦可天天煎汤或煮粥。若不易坚持，也可煎浓汤浸泡茶叶，再把茶叶晒干当茶冲服，既减肥也有解暑、提神、开目等作用，应用这个办法见效的时间要比煎汤饮用长一些。

玫瑰蜜枣茶可瘦身 >>>

蜜枣 5 颗，玫瑰少量。做法：准备 500 ~ 600 毫升的水将蜜枣和玫瑰都放进去，放在炉火上加热到滚，熄火即可。

办公室美"腹"小窍门 >>>

身体坐直，将背与臀部呈一直线，紧靠着椅背而坐，若是椅背过于倾斜可以利用护腰的背垫使背部紧靠，然后进行腹式呼吸（吸气的时候腹部膨出、吐气时腹部凹陷）。这方法最适合经常坐办公室的人，必须在饭后 1 小时以后进行效果最好，对于小腹突出者最有效。

健美腰部的运动 >>>

仰卧在地，双臂左右伸直，双腿并拢，膝部弯曲，双腿向左倾，至左腿全部着地，上身保持平卧不动，然后慢慢向右转，反复运动。每天做 10 ~ 15 分钟，选择优美、恬淡的音乐来伴奏，效果会更好。

防止臀部赘肉的小窍门 >>>

　　背脊挺直，坐满椅子 2/3 处，将力量分摊右臀部及大腿处。如果累时想靠背一下，要选择能完全支撑背部力量的椅背。另外，坐时踮起脚尖来，对臀部线条紧实不无小补。

精油按摩保持胸部健美 >>>

　　1. 倒少量调好的按摩油在手上（或者直接滴在胸部上），然后均匀地涂抹在胸部。

　　2. 以大拇指一边，另外四指合拢为一边，虎口张开，从两边胸部的外侧往中央推，以防胸部外扩，每边 30 下。

　　3. 手保持同样的形状，从左胸开始。左手从外侧将左乳向中央推，推到中央后同时用右手从左乳下方将左乳往上推，要一直推到锁骨处。就是说两只手交错着推左乳。重复 30 次以后。右乳重复此动作。

　　4. 手做成罩子状，五指稍分开，能罩住乳房的样子。要稍稍弯腰，

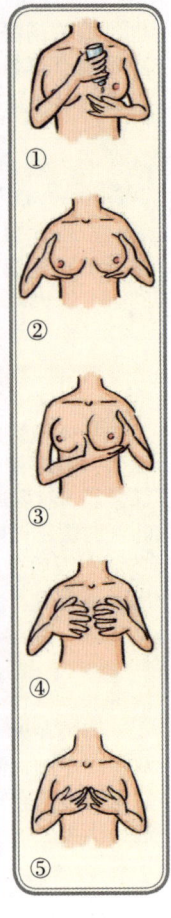

①
②
③
④
⑤

双手罩住乳房后从底部（不是下部）往乳头方向做提拉动作。重复 20 次。

5. 双手绕着乳房做圆周形按摩，按摩到胸部上剩下的所有的精油都吸收完为止。

成效：刺激胸部组织，让乳房长大。（见上页图）

健美背部的运动 >>>

双手扶在椅子上，站在距椅子 1/3 米处，双腿直立，先慢慢将右腿抬起，低头，以鼻尖触膝，然后右腿慢慢落地归回原处。换左腿，按原动作重复一遍，两腿交替进行，可使背部挺直而圆滑。

蹬腿瘦腿法 >>>

1. 每天睡前蹬腿 100 下，有固定的节奏，不要一下快一下慢，速度适中就可以了。

2. 蹬完后不要马上放下，保持预备姿势，把两腿并拢，向上直直地伸向空中，膝盖不要弯曲，脚尖蹦直。坚持 3 分钟再慢慢放下。

大腿的保鲜膜减肥法 >>>

先在大腿部位涂抹脂肪分解凝胶，别忘了大腿和臀部相连处。涂好后缠上有弹力的绷带。缠好后再涂上冷冻液，大约 45 分钟后去掉弹力绷带。最好用保鲜膜将腿全部裹住。出过汗后用冷水毛巾擦去，能使腿部肌肤更加光滑，富有弹性。把腿张开，比肩稍宽，用手去摸脚后跟。把腰压低，与腿和臀部成直角。

小腿塑型运动 >>>

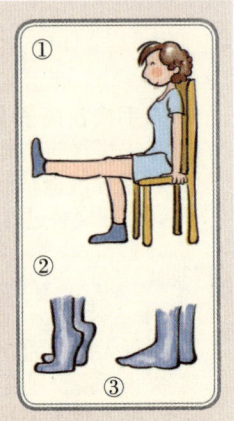

　　1. 坐在椅子上，将两腿或一腿伸直，和地面平行。

　　2. 脚板原本和地面呈90°，慢慢用力将它往下压，压到和地面平行后，维持5秒钟静止。

　　3. 再慢慢将脚板立回原本和地面呈90°的位置。1次连续重复动作10下后可稍作休息，再进行下一轮。建议每天做3～4轮，小腿线条在半个月后就可以看出进步的效果。（见上图）

产后美腿小窍门 >>>

　　产后使用弹力绷带或医用弹力套袜是最简便实用的美腿方法。它可以压迫下肢静脉，迫使血液向心脏回流，从而消除或减轻下肢肿胀、胀痛等症状。在怀孕后期，采用此法护理双腿亦可减轻水肿程度。

饮食绝招

吃出快乐和健康

食物选购 🌀

巧选香菇 >>>

1. 看颜色：色泽黄褐（福建香菇为黑褐色有微霜），菌伞下面有褶裥紧密细白。

2. 看形状：只大均匀，菌伞肥厚粗壮，盖面平滑，质干不碎。

3. 用手捏：菌柄有硬感，菌伞蓬松。

4. 用鼻闻：有香气。（见上图）

巧选西瓜 >>>

1. 成熟的西瓜重量轻，托瓜的手能感到颤动震手；不成熟的西瓜重量重，没有震荡感。两个差不多一样大的西瓜，重量比较轻的为熟瓜。

2. 将西瓜托在手中，用手指轻轻弹拍，发出"咚、咚"的清脆声，是熟瓜；发出"突、突"声，是成熟度比较高的反映；发出"噗、噗"声，是过熟的瓜；发出"嗒、嗒"声的是生瓜。

巧识种猪肉 >>>

1. 肉皮厚而硬，毛孔粗，皮肤与脂肪之间几乎分不清界限，尤其以肩胛骨部位最明显，去皮去骨后的脂肪又厚又硬，几乎和带皮的肉一样。

2. 瘦肉颜色呈深红色，肌肉纤维粗糙，纹路清，水分少，结缔组织较大。

巧选牛羊肉 >>>

1. 看色泽：新鲜肉肌肉有光泽，红色均匀，脂肪洁白；变质肉，肌肉色暗，脂肪黄绿色。

2. 摸黏度：新鲜肉外表微干或有风干膜，不黏手，弹性好；变质肉，外表黏手或极度干燥，新切面发黏，指压后凹陷不能恢复，留有明显压迹。

3. 闻气味：鲜肉有鲜肉味，变质肉有异味。

巧选白条鸡 >>>

1. 好的白条鸡颈部应有宰杀刀口，刀口处应有血液浸润；病死的白条鸡颈部没有刀口，死后补刀的鸡，刀口处无血液浸润现象。

2. 好的白条鸡眼球饱满，有光泽，眼皮多为全开或半开；病死的白条鸡眼球干缩凹陷，无光泽，眼皮完全闭合。

3. 好的白条鸡肛门处清洁，无坏死或病灶；病死鸡的肛门周围不洁净，常常发绿。

4. 好的白条鸡的鸡爪不弯曲，病死的白条鸡的鸡爪呈团状弯曲。

巧辨鸡的老嫩 >>>

1. 鸡嘴：嫩鸡的嘴尖而软；老鸡的嘴尖而硬。

2. 胸骨：嫩鸡的胸骨软而有弹性；老鸡的胸骨较硬而且缺少弹性。

3. 鸡脸：嫩鸡的脸部滋润细腻；老鸡的脸部皮肤松弛。

4. 鸡冠：嫩鸡的鸡冠较小，纹理细腻；老鸡的鸡冠较大，肉重皮厚而多皱纹，并且纹理粗糙。

巧选鸡鸭蛋 >>>

1. 用手指拿稳鸡蛋在耳边轻轻摇晃，好蛋音实；贴壳蛋和臭蛋有瓦碴声；空头蛋有空洞声；裂纹蛋有"啪啪"声。

2. 把蛋放在 15% 左右的食盐水中，沉入水底的是鲜蛋；大头朝上、小头朝下、半沉半浮的是陈蛋；臭蛋则浮于水面。（见右图）

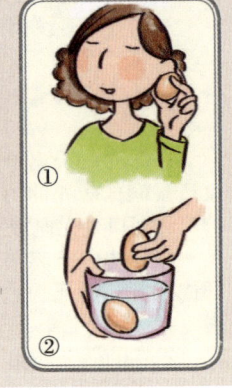

巧识受污染鱼 >>>

1. 受污染的鱼形体不整齐，头大尾小，脊椎弯曲甚至畸形，还有的皮膜发黄，尾部发青。

2. 受污染的鱼眼睛浑浊，失去正常光泽，有的甚至向外鼓出。

3. 有毒的鱼鳃不光滑，较粗糙且呈暗红色。

4. 正常鱼有鱼腥味，污染了的鱼则气味异常，根据毒物的不同而呈大蒜味、氨味、煤油味、火药味等，含酚量高的鱼鳃还可能被点燃。

巧识优质鱿鱼 >>>

优质鱿鱼体形完整坚实，呈粉红色，有光泽，体表面略现白霜，肉肥厚，半透明，背部不红。劣质鱿鱼体形瘦小残缺，颜色赤黄略带黑，无光泽，表面白霜过厚，背部呈黑红色或霉红色。

巧识养殖海虾与捕捞海虾 >>>

海洋捕捞对虾与养殖虾在同等大小、同样鲜度时，价格差异很大。养殖虾的须子很长，而海洋捕捞对虾须短，养殖虾头部"虾枪"长、齿锐，质地较软，而海洋捕捞对虾头部"虾枪"短、齿钝，质地坚硬。

巧选贝类 >>>

无论是海水或淡水中均有贝类存在。主要品种有鲍鱼、牡蛎、贻贝、文蛤、蛏、扇贝等。活贝的壳可以自然开闭，死贝的壳不会闭合，这是识别贝类死活的主要标志。

巧辨人工饲养甲鱼和野生甲鱼 >>>

野生甲鱼的背壳呈灰黑色，有五朵深黑色的花纹，俗称五朵金花；腹部的颜色为灰色，同样有五朵金花。而人工饲养的甲鱼背壳上虽然也有花纹，但不止五朵；腹部无花纹，腹部的颜色通常为浅黄色或黑黄色。

巧辨假木耳 >>>

假木耳肉厚，形态膨胀少卷曲，耳片常粘在一起，显得肥厚，边缘较为完整；用手摸，感觉较重，易碎，用手稍掰即碎断脱落，有潮湿感；放在口中嚼，有腥味。

真木耳肉大，卷曲紧缩，朵片较薄，无完整轮廓；表面乌黑光润，背呈灰色；手摸感觉分量轻、有韧劲、不易捏碎；干燥，无杂质，无僵块卷耳；放在嘴里尝有清香味。

巧选干枣 >>>

用手捏红枣，松开时枣能复原，手感坚实，则质量为佳。如果红枣湿软皮黏，表面返潮，极易变形，则为次品。湿度大的干枣极易生虫、霉变，不能久存。

巧选瓜子 >>>

1. 看起来有光泽且摸时有油状物的黑瓜子，很可能表面涂有矿物油；用漂白剂漂过或硫黄熏过的白瓜子有异味。

2. 优质西瓜子中间是黄色的，四周黑色，劣质西瓜子表面颜色模糊不清，一些加了滑石粉、石蜡的瓜子表面还有白色结晶。（见上图）

巧识陈大米 >>>

陈米的色泽变暗，表面呈灰粉状或有白道沟纹，其量越多则说明大米越陈旧。同时，捧起大米闻一闻气味是否正常，如有发霉的气味说明是陈米。另外，看米粒中是否有虫蚀粒，如果有虫屎和虫尸也说明是陈米。

巧辨植物油的优劣 >>>

取油层底部的油一两滴，涂在易燃的纸片上，点燃并听其响声。燃烧正常无响声者，是合格产品；燃烧时发出"叭叭"的爆炸声，有可能是掺水产品，不能购买。加热后拨去油沫，观察油的颜色，若油色变深，有沉淀，说明杂质较多。

巧选香油 >>>

将油样滴于手心，用另一手掌用力摩擦，由于摩擦产热，油内芳香物质分子运动加速，香味容易扩散。如为纯正香油，则有单纯浓重的香油香味。如掺入菜籽油，则可闻到辛辣味；如掺入棉籽油，则可闻到碱味；如掺入大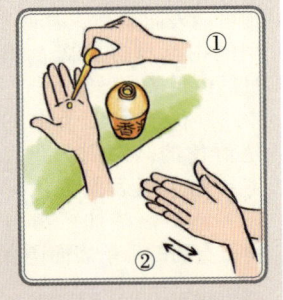豆油，则可闻到豆腥味。此法简便易行，可靠性较强，适用于现场鉴别。（见上图）

巧识劣质食盐 >>>

劣质食盐色泽灰暗，因硫酸钙或杂质过高而呈黄褐色或因钙、镁等水溶性杂质过多而有苦、涩味；

结块，易反卤吸潮。人食用劣质盐后轻者引起胸闷、腹泻、脱发、皮肤瘙痒，重者危及生命。

巧识问题大料 >>>

近年来，市场上已发现以莽草充当大料的现象，莽草有毒，危害人体健康。最好取少许材料加4倍水，煮沸30分钟，过滤后加热浓缩，八角茴香溶液为棕黄色；莽草溶液为浅黄色。

巧识问题奶粉 >>>

假奶粉是用白糖、菊花晶、炒面及少量奶粉掺和而成的，明显的标记是有结晶、无光泽或呈白色和其他不自然的颜色，奶香味弱或无奶香味，粉粒粗，甜度大，入口溶解较快，在凉开水中不需搅动就能很快化解，用热开水冲时，溶解速度快，没有天然乳汁特有的香味和滋味，有焦粉状沉淀或大量蛋白质变性凝固颗粒及脂肪上浮，有酸臭味或哈喇味，入口后对口腔黏膜有刺激感。用手捏住袋装奶粉包装来回磨搓，由于掺入白糖、葡萄糖，颗粒较粗，会发出"沙、沙"声。

巧识新鲜牛奶 >>>

1.在盛水的碗内滴几滴牛奶，如牛奶凝结沉入碗底最好，浮散的为质量欠佳的。若是瓶装牛奶，只要在牛奶上部观察到稀薄现象或瓶底有沉淀，则都不是新鲜奶。

2. 把一滴牛奶滴在指甲上，呈球状停留于指甲上的是鲜奶，否则不新鲜。

3. 将奶煮开后，表面结有奶皮（乳脂）的是好奶，表面为豆腐花状的是坏奶。（见右图）

巧选速冻食品 >>>

1. 把大厂生产的或名牌产品作为首选。

2. 就近到有低温冷柜的商店购买。

3. 选择包装完好、标识明确、保质期长的产品。

4. 注意包装内的产品是否呈自然色泽，若附有斑点或变色，即已变质。

5. 注意是否有解冻现象，良好的速冻食品应坚硬。

6. 每次采购都应在最后再取速冻食品，以免其离开冰柜的时间过长。

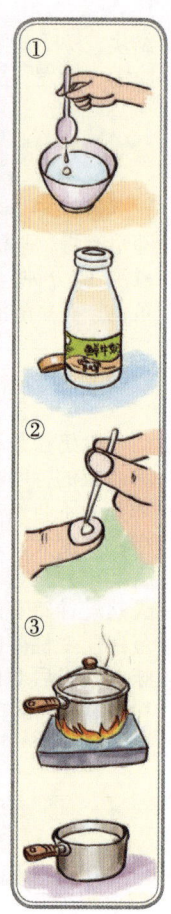

① ② ③

看色泽选茶叶 >>>

凡色泽调和一致，明亮光泽，油润鲜活的茶叶，品质一般都优良；凡色泽枯暗无光的茶叶，品质较次。红茶的光泽有乌润、褐润和灰枯的不同；绿茶的色泽分为嫩绿、翠绿、青绿、青黄等；光泽分光润和干枯的不同。红茶以乌润者为好，暗黑、青灰、枯红的质量差；绿茶以嫩绿、光润者为好，枯黄或暗黄的质量差；乌龙茶要求乌润，黄绿无光的质量差。

巧识绿色食品标志 >>>

绿色食品标志是由中国绿色食品发展中心在国家工商行政管理局正式注册的证明商标，它由 3 部分组成，即上方的太阳、下方的叶片和中心的蓓蕾。标志为正圆形，意为保护。整个图形象征着明媚阳光照耀下的和谐生机，告诉人们绿色食品正是出自纯净良好生态环境的安全无污染食品，能给人们带来蓬勃的生命力。

绿色食品标志分为两类：A 级标志，绿底白标，它表示产品的卫生符合严格的要求；B 级标志，白底绿标，它不仅表示产品的卫生符合严格的要求，而且表示产品的原料即农作物在生产过程中化肥的使用有绝对限制，而且绝对不使用任何化学农药。

清洗与加工

盐水浸泡去叶菜残余农药 >>>

一般先用水冲洗掉表面污物，然后用盐水浸泡（不少于 10 分钟）。必要时加入果蔬清洗剂，以增加农药的溶出。如此清洗浸泡 2 ~ 3 次，可清除绝大部分残留的农药。

巧用淘米水去蔬菜残余农药 >>>

淘米水属于酸性，有机磷农药遇酸性物质就会失去毒性。在淘米水中浸泡10分钟左右，用清水洗干净，就能使蔬菜残留的农药成分减少。（见右图）

巧洗蘑菇 >>>

洗蘑菇时，在水里先放点食盐搅拌使其溶解，将蘑菇放在水里泡一会儿再洗，这样泥沙就很容易洗掉。市场上有泡在液体中的袋装蘑菇，食用前一定要多漂洗几遍，以去掉某些化学物质。最好吃鲜蘑。

巧洗脏豆腐 >>>

豆腐表面沾污后，可将其放在一只塑料漏盆里，然后在自来水下轻轻冲洗，既可保持豆腐完整不碎，又能使豆腐洁净如初。（见右图）

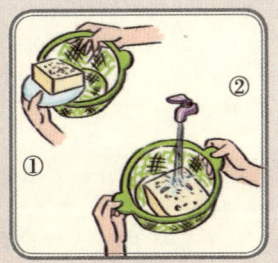

巧为瓜果消毒 >>>

1. 个体较大，且有光滑外皮的水果，如苹果、梨等，先在清水中洗净，然后放在沸水中烫泡30秒钟再吃，就可确保安全无患了。

2. 对于难洗易破的水果，如草莓、樱桃等，可先将其放在盐水中浸泡10分钟左右，取出后再用凉开水冲洗干净，就可放心吃了。

巧洗脏肉 >>>

1. 猪油或是肥肉沾上了水或灰，可放在30～40℃的温水中泡10分钟，再用干净的包装纸等慢慢地擦洗，就可变干净了。

2. 若用热淘米水洗两遍，再用清水洗，脏物就除净了。

3. 也可拿来一团和好的面，在脏肉上来回滚动，就能很快将脏物粘下。

4. 鲜肉如果有煤油味（包括柴油、机油），可以用浓红茶水泡，30分钟后冲掉，油味、异味即可去除。

巧去桃毛 >>>

在清水中放入少许食用碱，将鲜桃放入浸泡3分钟，搅动几下，桃毛便会自动脱落，清洗几下毛就没有了，很方便。

食品快速解冻法 >>>

将两个铝锅洗干净，将其中一只倒置，在其上放需要解冻的食品，然后在食品上扣上另一只锅，这样就可以轻松解冻了。通常情况下，自然解冻需要1小时的食品按这种方法10分钟左右就可以完成解冻，且不会失去食品原有的美味。

巧去栗子壳 >>>

1. 熟板栗：在板栗上横着掐开一条缝，然后用手一捏，口儿就开大了；用手指把一边的壳瓣去，再把果仁从另一半壳中瓣出。横着瓣，果仁不易瓣碎。

2. 生板栗：用清水洗净，用刀将板栗外壳切缝后，放入沸水中煮（或者泡）3~5分钟，然后捞出，再放入冷水中浸泡 3 ~ 5 分钟，这时就很容易将壳剥去了。

巧使生水果变熟 >>>

将不熟或将要熟的水果入坛或入罐，喷上白酒或是放一个湿润的酒精棉球，盖紧盖子，放于温度适宜的地方。经过 2 ~ 3 天，青色变成鲜艳的红色，甜味也增加，从而美味可口。（见右图）

巧分蛋清 >>>

1.将蛋打在漏斗里，蛋清含水分多，可顺着漏斗流出，而蛋黄仍会留在漏斗中。

2.或将蛋的大头和小头各打一个洞，大头一端略大一些，朝下，让蛋清从中流出，蛋黄仍会留在蛋壳内。待蛋清流完后，打开蛋壳便可取出被分离的蛋黄。

巧去蒜皮 >>>

1.将蒜用温水泡 3 ~ 5 分钟捞出，用手一搓，蒜皮即可脱落。

　　2. 如需一次剥好多蒜，可将蒜摊在案板上，用刀轻轻拍打即可脱去蒜皮。

巧除大蒜臭味 >>>

　　大蒜是烹调中经常使用的调料，若烦其臭味，可将丁香捣碎拌在大蒜里一起食用，臭味可除去。

巧切蛋 >>>

　　制作凉菜时，常常会将完整的熟鸡蛋、鸭蛋、松花蛋带壳切开，一不小心就会切碎，有个好办法：先将刀在开水中烫热后再切，蛋就不会碎，而且光滑整齐。

巧去鱼鳞 >>>

　　1. 将鱼装一较大塑料袋里，放到案板上，用刀背反复拍打鱼体两面的鳞，然后将勺伸入袋内轻轻地刮，鱼鳞即可刮净，且不外溅。（见右图）

　　2. 取长约15厘米的小圆棒，在其一

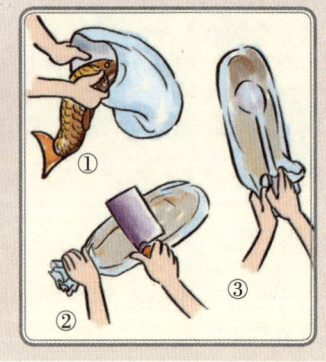

端钉上 2～4 个酒瓶盖,利用瓶盖端面的齿来刮鱼鳞,是一种很好的刮鳞工具。

3. 按每千克冷水加醋 10 克配成溶液,把活鱼浸泡 2 小时再杀,鱼鳞极易除去。

4. 带鱼的鳞较难去除,可将其放入 80℃ 左右的水中,烫 10 秒钟,立即浸入冷水中,再用刷子或布擦洗一下,鱼鳞很快会被去掉。

巧为整鱼剔骨 >>>

使鱼肚朝左、背朝右躺在砧上,刀贴鱼背骨横批进去,深及鱼肚,批断脊骨与肋骨相连处(勿伤皮);然后将鱼翻身,批开另一端脊骨与肉。把靠近头部的脊骨斩断或用手折断、拉出,在鱼尾处斩断脊骨。随后将鱼腹朝下放在墩子上,翻开鱼肉,使肋骨露出根端,将刀斜批进去,使肋骨脱离鱼肉。将两边肋骨去掉后,即成头、尾仍存,中段无骨,仍然保持鱼形完整的脱骨鱼了。

巧洗虾 >>>

在清洗时,可用剪刀将头的前部剪去,挤出胃中的残留物,将虾煮至半熟,剥去甲壳,此时虾的背肌很容易翻起,可把直肠去掉,再加工成各种菜肴。较大的虾,可在清洗时用刀沿背部切开,直接把直肠取出洗净,再加工成菜。

巧洗螃蟹 >>>

　　先在装螃蟹的桶里倒入少量的白酒去腥，等螃蟹略有昏迷的时候用锅铲的背面将螃蟹抽晕，用手迅速抓住它的背部，拿刷子朝着已经成平面状的螃蟹腹部猛刷，角落不要遗漏。检查没有淤泥后丢入另一桶中，用清水冲净即可。（见右图）

巧切鱼肉 >>>

　　1.鱼肉质细，纤维短，极易破碎，切时应将鱼皮朝下，刀口斜入，最好顺着鱼刺，切起来要干净利落，这样炒熟后形状完整。
　　2.鱼的表皮有一层黏液非常滑，所以切起来不太容易，若在切鱼时将手放在盐水中浸泡一会儿，切起来就不会打滑了。

巧取虾仁 >>>

　　1.挤。对比较小的虾，摘去头后，用左手捏住虾的尾部，右手自尾部到背颈处挤出虾肉。

2.剥。对比较大的虾，把头尾摘掉后，从腹部开口将外壳剥开，取出虾肉。这种方法，能保持虾肉完整。

巧去鱼身体黏液 >>>

许多鱼类皮层带有较多的黏液，初步加工时必须将这层黏液除去，才能烹制食用。因为这层黏液非常腥。方法是：将鱼宰杀后放入沸水中烫一下，再用清水洗净，即可去掉黏液。

饺子不粘连小窍门 >>>

在 500 克面粉里掺入 6 个蛋清，使面里蛋白质增加，包的饺子下锅后蛋白质会很快凝固收缩，饺子起锅后收水快，不易粘连。

巧切面包 >>>

切面包时有时容易切碎，如果将刀先烧热后再切，面包既不会粘在一起，也不会松散易碎，不论厚薄都能切好。（见右图）

91

巧除米饭煳味 >>>

1. 米饭不小心被烧煳以后，应立即停火，倒一杯冷水置于饭锅中，盖上锅盖，煳饭的焦味就会被水吸收掉。

2. 不要搅动它，把饭锅放置在潮湿处 10 分钟，烟熏气味就没有了。

3. 将 8～10 厘米长的葱洗净，插入饭中，盖严锅盖，片刻煳味即除。

4. 在米饭上面放一块面包皮，盖上锅盖，5 分钟后，面包皮即可把煳味吸收。（见上图）

巧手一锅做出两样饭 >>>

先将米淘洗干净放入锅里，加适量的水，然后把米推成一面高，一面低，高处与水面持平，盖好盖加热，做熟后，低的一面水多饭软，高的一面相对水少饭硬，能同时满足两代人的不同需要。

巧热剩饭 >>>

热过的剩饭吃起来总有一股异味，在热剩饭时，可在蒸锅水中兑入少量盐水，即可除去剩饭的异味。

炒菜省油法 >>>

炒菜时先放少许油炒，待快炒熟时，再放一些熟油在里面炒，直至炒熟。这样，菜汤减少，油也渗透进菜里，油用得不多，但是油味浓郁，菜味很香。

巧煮饺子 >>>

1. 煮饺子时要添足水，待水开后加入一棵大葱或2%的食盐，溶解后再下饺子，能增加面筋的韧性，饺子不会粘皮、粘底，饺子的色泽会变白，汤清饺香。

2. 饺子煮熟以后，先用笊篱把饺子捞出，随即放入温开水中浸涮一下，然后再装盘，饺子就不会互相粘在一起了。

巧煮面条 >>>

1. 煮面条时加一小汤匙食油，面条不会粘连，面汤也不会起泡沫、溢出锅外。

2. 煮面条时，在锅中加少许食盐，煮出的面条不易烂糊。

3. 煮挂面时，不要等水沸后下面，当锅底有小气泡往上冒时就下，下后搅动几下，盖锅煮沸，沸后加适量冷水，再盖锅煮沸就变熟了。这样煮面，热量慢慢向面条内部渗透，面柔而汤清。

油锅巧防溅 >>>

炒菜时，在油里先略撒点盐，既可防止倒入蔬菜时热油四溅，又能破坏油中残存的黄曲霉毒素。

炒菜时适当加醋好 >>>

醋对于蔬菜中的维生素 C 有保护作用，而且加醋后，菜味更鲜美可口。

巧热袋装牛奶 >>>

1. 先将水烧开，然后把火关掉，将袋装牛奶放入锅中，几分钟后将牛奶取出。千万不要把袋装牛奶放入水中再点火加热，因为其包装材料在 120℃时会产生化学反应，形成一种危害人体健康的有毒物质。

2. 袋装牛奶冬季或冰箱放置后，其油脂会凝结附着在袋壁上，不易刮下，可在煮之前将其放暖气片上或火炉旁预热片刻，油脂即溶。

巧治咸菜过咸 >>>

　　1. 如果腌制的咸菜过咸了，在水中掺些白酒浸泡咸菜，就可以去掉一些咸味。

　　2. 用热盐水浸泡咸菜，不仅能迅速减去咸味，而且还不失其香味。

花生米酥脆法 >>>

　　1. 炒时用冷锅冷油，将油和花生米同时入锅，逐渐升温，炸出的花生米内外受热均匀，酥脆一致，色泽美观，香味可口。

　　2. 炒好盛入盘中后，趁热洒上少许白酒，并搅拌均匀，同时可听到花生米"啪啪"的爆裂声，稍凉后立刻撒上少许食盐。经过这样处理的花生米，放上几天几夜再吃都酥脆如初。（见右图）

炒肉不粘锅 >>>

将炒锅烧热再放油，油温后放肉片，不会粘锅。

炖牛肉快烂法 >>>

1. 要把牛肉炖烂，可往锅里加几片山楂、橘皮或一小撮茶叶，然后用文火慢慢炖煮，这样牛肉酥烂且味美。

2. 头天晚上将牛肉涂上一层芥末，第二天洗净后加少许醋和料酒再炖，可使牛肉易熟快烂。

3. 煮牛肉时，加入一小布袋茶叶同牛肉一起煮，牛肉会熟得快，味道也更清香。

巧法烤肉不焦 >>>

用烤箱烤肉，如在烤箱下格放只盛上水的器皿，可使烤肉不焦不硬。因为器皿中的水受热变成水蒸气，可防止水分散失过多而使烤肉焦煳。

巧炖羊肉 >>>

1. 往水里放些食碱，羊肉就易熟。

2. 煮羊肉时在锅内放些猪肉或鲜橘皮，能使味道更加鲜美。

巧除狗肉腥味 >>>

　　将狗肉用白酒、姜片反复揉搓，再将白酒用水稀释浸泡狗肉1～2小时，清水冲洗，入热油锅微炸后再行烹调，可有效降低狗肉的腥味。（见右图）

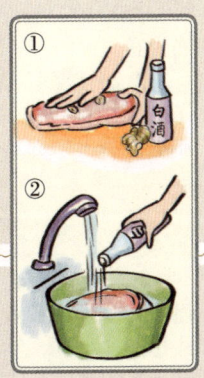

巧炖老鸡 >>>

　　1. 在锅内加20～30颗黄豆同炖，熟得快且味道鲜。

　　2. 放3～4枚山楂或凤仙花子，鸡肉易烂。

　　3. 在炖鸡块时放入两个咸梅干，食用时鸡骨和鸡肉就会迅速分离。

　　4. 把鸡先用凉水或少许食醋泡2小时，再用微火炖，肉就变得香嫩可口。

炒鸡蛋放白酒味道佳 >>>

　　炒鸡蛋时，如果在下锅之前往搅拌好的鸡蛋液中滴几滴白酒，炒出的蛋会松软、光亮。

巧蒸鸡蛋羹 >>>

　　1. 蒸鸡蛋羹最好用放气法，即锅盖不要盖严，留一点空隙，边蒸边跑气。蒸蛋时间以熟而嫩时出锅为宜。

2. 鸡蛋羹易粘碗，洗碗比较麻烦。如果在蒸时先在碗内抹些熟油，然后再将鸡蛋磕进碗内打匀，加水，蒸出来的鸡蛋羹就不会粘碗了。

巧去蛋壳 >>>

1. 将生鸡蛋轻轻磕出一个小坑或者用针扎一个小孔，然后放入水中煮，蛋壳也容易去掉。

2. 如果鸡蛋破口较大，可用一张柔韧的纸片粘在破口处，再放入盐水里煮，可防蛋清外流。（见右图）

煎鱼不粘锅 >>>

1. 煎鱼之前，将锅洗净、擦干，然后把锅置于火上加热，放油。待油很热时转一下锅，使锅内四周均匀地布上油，然后把鱼放入锅内，鱼皮煎至金黄色时翻动一下，再煎另一面。注意油一定要热，否则，鱼皮就容易粘在锅上。

2. 把锅洗净擦干后烧热，用鲜姜在锅底涂上一层姜汁，而后再放油，油热时，再放鱼煎，这种方法不会粘锅。

3. 打两个蛋清搅匀，把鱼放到里边蘸一下，使鱼裹上一层蛋糊，而后放入热油中煎，这样煎出的鱼也不会粘锅。

4. 用油煎鱼时，向锅内喷上小半杯葡萄酒，能防止鱼皮粘锅。

水果炖鱼味鲜美 >>>

烧鱼炖肉时，加入适量的新鲜水果，如鸭梨、苹果等，可使成菜有一种水果香味，风味独特。方法是：将水果洗净，削皮去核，切成小块，装入纱布袋内，扎住袋口（也可直接放入锅中），待鱼肉即将热时放入，与鱼肉一起炖煮，肉煮熟后，取出水果袋即可。

大米巧防虫 >>>

　　1. 按 120 ∶ 1 的比例取花椒、大料，包成若干纱布包，混放在米缸内，加盖密封，可以防虫。

　　2. 取大蒜、姜片许多，混放在米缸内。

　　3. 将大米打成塑料小包，放冰柜中冷冻，取出后绝不生虫；米多时轮流冷冻。

巧存面粉 >>>

　　口袋要清洁，盛面粉后要放在阴凉、通风、干燥处，减温散热，避免发霉。如生虫，可用鲜树叶放于表层，密封 4 天杀虫。

巧存鲜蘑菇 >>>

　　将鲜蘑菇根部的杂物除净，放入 1% 的盐水中浸泡 10 ~ 15 分钟，捞出后沥干，装入塑料袋中，可保鲜 3 ~ 5 天。

巧存西红柿 >>>

　　西红柿大量上市时，质好价廉，选些半红或青熟的放进食品袋，然后扎紧袋口，放在阴凉通风处，每隔 1 天打开袋口 1 次，并倒掉袋内的水珠，5 分钟后再扎紧口袋。待西红柿熟红后即可取出食用。需注意的是，西红柿全部转红后，就不要再扎袋口。此法可贮存 1 个月。（见右图）

巧存黄瓜 >>>

将黄瓜洗净后，浸泡在盛有稀释食盐水的容器中，黄瓜周围便会附着许多细小的气泡，它可继续维持黄瓜的新陈代谢活动，使其保持新鲜不变质。此外，盐水还能使黄瓜不失水分，并可防止微生物的繁殖，在 18 ～ 25℃的常温下，可保鲜 20 天左右。

巧存芹菜 >>>

将新鲜、整齐的芹菜捆好，用保鲜袋或保鲜膜将茎叶部分包严，然后将芹菜根部朝下竖直放入清水盆中，1 周内不黄不蔫。

巧用丝袜存洋葱 >>>

将洋葱装进丝袜中，装一只打一个结，装好一串后，将其吊在阴凉通风的地方，就可以保存很长时间，拿出来仍然很新鲜。可以随吃随取。（见右图）

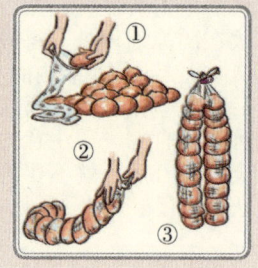

巧用苹果存土豆 >>>

把需要储存的土豆放入纸箱内，同时放入几个青苹果，盖好放在阴凉处，可使土豆新鲜、不烂。

巧用纸箱存苹果 >>>

要求箱子清洁无味，箱底和四周放两层纸。将包好的苹果，每5～10个装一小塑料袋。早晨低温时，将装满袋的苹果，两袋口对口挤放在箱内，逐层将箱装满，上面先盖2～3层软纸，再覆上一层塑料布，然后封盖。放在阴凉处，一般可储存半年以上。

巧防酸菜长毛 >>>

在腌酸菜的缸里少倒入一点白酒，或把腌酸菜的汤煮一下，凉凉再倒入酸菜中，都可以避免酸菜长毛。

巧用醋保存鲜肉 >>>

用浸过醋的湿布将鲜肉包起来，可保鲜一昼夜。

鸡蛋竖放可保鲜 >>>

刚生下来的鸡蛋，蛋白很浓稠，能够有效地固定蛋黄的位置。但随着存放时间的推延，尤其是外界温度比较高的时候，在蛋白酶的作用下，蛋白中的黏液素就会脱水，慢慢变稀，失去固定蛋黄的作用。这时，如果把鲜蛋横放，蛋黄就会上浮，靠近蛋壳，变成贴壳蛋。如果把蛋的大头向上，即使蛋黄上浮，也不会贴近蛋壳。

巧存鲜虾 >>>

冷冻新鲜的河虾或海虾，可先用水将其洗净后，放入金属盒中，注入冷水，将虾浸没，再放入冷冻室内冻结。待冻结后将金属盒取出，在外面稍放一会儿，倒出冻结的虾块，再用保鲜袋或塑料食品袋密封包装，放入冷冻室内储藏。

鲜鱼保鲜 >>>

1.将鲜鱼放入88℃的水中浸泡2秒钟，体表变白后即放入冰箱；或将鱼切好经热水消毒杀菌后装塑料袋在34℃左右保存；或放在有漂白粉的热水中浸泡2秒钟。

2.活鱼剖杀后，不要刮鳞，不要用水洗，用布去血污后，放在凉盐水中泡4小时后，取出晒干，再涂上点油，挂在阴凉处，可存放多日，味道如初。

3.将鱼剖开，取掉内脏，洗净后，放在盛有盐水的塑料袋中冷冻，鱼肚中再放几粒花椒，鱼不发干，味道鲜美。

巧存泥鳅 >>>

把活泥鳅用清水洗一下，捞出后放进一个塑料袋里，袋内装适量的水，将袋口用细绳扎紧，放进冰箱的冷冻室里冷冻，泥鳅就会进入冬眠状态。需要烹制时，取

出泥鳅，放进一盆干净的冷水里，待冰块融化后，泥鳅很快就会复活。（见右图）

巧用苹果和白酒存点心 >>>

准备一个大口的容器，一个削了皮的苹果和一小杯白酒。首先在容器底部摆放一些点心，然后把

削好的苹果放在中间，再在苹果周围和上面摆放点心，最后在点心的最上面放一小杯白酒；然后把容器的盖子盖好，就可以随吃随拿了。用这种方法保存点心，可以使糕点保持半年不坏，而且还特别松软。

巧用微波炉加热潮饼干 >>>

把受潮的饼干装到盘子里，然后放到微波炉内加热，不过要注意用中火加热1分钟左右，然后取出。如果饼干已经酥脆，便可不必加热；如果还没有，那就需要再以30秒的时间，继续加热。使用微波炉的方法很简便，但是一不小心饼干就会变糊。（见右图）

巧存葡萄酒 >>>

葡萄酒保存方法正确可维持其美味芳香，先将酒存在具有隔热、隔光效果的纸箱内，再置于阴凉通风且温度变化不大的地方，可存半年。

真空法保存碳酸饮料 >>>

将装有剩余饮料的瓶子放在腋下，用力将里面的空气慢慢导出，在瓶子里制造出一个相对的真空空间。也可以用其他方法将瓶压扁，这样做虽然使饮料瓶子不好看，但是饮料保存 1 周到 10 天左右还是可以喝的。

巧选容器保存食用油 >>>

用不同的容器存放，食用油的保质期也不相同。用金属容器存放最安全，既不进氧，也不进光，油难以被氧化，一般采用金属桶装油可保存 2 年。而玻璃瓶、塑料桶在这些方面都有欠缺，尤其是用塑料桶装，非常容易被氧化。采用玻璃瓶可保存 1 ~ 2 年，塑料桶仅可保存半年至一年。（见上图）

巧解白糖板结 >>>

1. 可取一个不大的青苹果，切成几块放在糖罐内盖好，过 1 ~ 2 天后，板结的白糖便自然松散了，这时可将苹果取出。

2. 在食糖上面敷上一块湿布，使表面重新受潮，使之散开。

3.将砂糖块放入盘中，用微波炉加热5分钟。根据砂糖量的不同，加热时间不同，所以在加热时应在微波炉旁观察。因为如果加热时间过长，砂糖将会融化。（见右图）

茶叶生霉的处理 >>>

如果保存不当，茶叶生霉，切忌在阳光下晒，放在锅中干焙10分钟左右，味道便可恢复，但锅内要清洁，火不宜太大。

剩咖啡巧做冰块 >>>

喝剩下的咖啡，可以倒在制冰盒中，放在冰箱的冷冻室，做成小冰块，在喝咖啡时当冰块用。这种冰块融化后不会冲淡咖啡的味道。

饮食宜忌与食品安全 🌀

进餐的正确顺序 >>>

正确的进餐顺序是：先喝汤，然后蔬菜、饭、肉按序摄入，半小时后再食用水果最佳，而不是饭后立即吃水果。（见下图）

萝卜与烤肉同食可防癌 >>>

萝卜中的一些酶不但能分解食物中的淀粉、脂肪，还可以分解致癌作用很强的亚硝胺。而烤鱼、烤肉时，温度骤升达 400℃，使食物烧焦而产生致癌性很强的物质，若经常食用，就会导致癌症的发生。所以，吃烤鱼、烤肉时，宜与萝卜搭配食用，以分解其有害物质，减少毒性。

蔬菜做馅不要挤汁 >>>

菜汁中含大量维生素 C 和其他营养物质，挤去不仅丢失了营养还使味道失鲜。可把洗净晾干的菜切碎，浇上食油轻轻拌和，把水分先锁住。再倒入已加过调料的肉馅拌匀。这样再加盐，馅内也不会泛水了。

洋葱搭配牛排有助消化 >>>

享用高脂肪食物时，最好能搭配洋葱，洋葱所含的化合物有助于抵消高脂肪食物引起的血液凝块。牛排与洋葱就是不错的搭配。

吃蚕豆当心"蚕豆病" >>>

医学研究证明，引起"蚕豆病"的主要原因是病人体内的红细胞缺乏一种酶。这种缺乏症有遗传性，蚕豆只能作为一种诱发的外因而起作用。此病在我国分布极广，以广东潮汕地区为多发区，与其盛产蚕豆，食用人数众多有关。这类患者有近半数家庭中有相同的发病者，若有这种病的人，则应避免食用蚕豆。

四季豆须完全炒熟 >>>

四季豆（菜豆）中含有胰蛋白酶抑制剂、血球凝集素和皂素等成分，若食用未加工熟的菜豆会引起恶心、呕吐、腹痛、头晕等中毒反应，严重者会出现心慌、腹泻、血尿、肢体麻木等现象。

蒸鸡蛋羹忌提前加入调料 >>>

鸡蛋羹若在蒸制前加入调料，会使蛋白质变性，营养受损，蒸出的蛋羹也不鲜嫩。调味的方法应是：蒸熟后用刀将蛋羹划几刀，再加入少

许熟酱油或盐水以及葱花、香油等。这样蛋羹味美，质嫩，营养不受损。（见上图）

空腹不宜吃西红柿 >>>

西红柿含有大量的果胶、柿胶酚、可溶性收敛剂等成分，容易与胃酸发生化学作用，凝结成不易

溶解的块状物。这些硬块可将胃的出口——幽门堵塞，使胃里的压力升高，造成胃扩张而使人感到胃胀痛。

煮鸡蛋忌用冷水浸泡剥壳 >>>

新鲜鸡蛋外表有一层保护膜，使蛋内水分不易挥发，并防止微生物侵入，鸡蛋煮熟后壳上的保护膜被破坏，蛋内气腔的气体逸出，此时若将鸡蛋置于冷水内会使气腔内温度骤降并呈负压，冷水和微生物可通过蛋壳和壳内双层膜上的气孔进入蛋内，贮藏时容易腐败变质。

松花蛋最好蒸煮后再食用 >>>

松花蛋是用生鸭蛋腌制而成，虽然蛋清完全凝固，可蛋黄还呈流体状，并没有完全凝固，不便于切配和食用。将松花蛋煮熟还能起杀菌消毒、减轻涩味的作用。所以，食用前可以摇一摇，如果有响声就不要吃，蒸一会儿再吃。（见右图）

111

肉类解冻后不宜再存放 >>>

鸡鸭鱼肉在冷冻的时候，由于水分结晶的作用，其组织细胞已经受到破坏，一旦解冻，被破坏的组织细胞中会渗出大量的蛋白质，形成细菌繁殖的温床。冷冻一天后化解的鱼在30℃的温度下腐败的速度比未经冷冻的新鲜鱼要快1倍。

吃火锅后不宜饮茶 >>>

在吃过羊肉火锅后，不宜马上饮茶，以防茶中鞣酸与肉中的蛋白质结合，影响营养物质的吸收及发生便秘。

牛奶的绝配是蜂蜜 >>>

蜂蜜是人体最佳的碳水化合物源，它主要含有天然的单糖——左旋糖和右旋糖，这些单糖有较高的热能，并可直接被人体吸收。牛奶的营养价值较高，但热能低，单饮牛奶不足以维持人体正常的生命活动。所以可以用蜂蜜代替白糖做乳品的添加剂。

鸡蛋不宜与豆浆同食 >>>

鸡蛋中的鸡蛋清会与豆浆里的胰蛋白酶结合，产生不被人体所能吸收的物质而失去营养价值。

巧克力不宜与牛奶同食 >>>

牛奶含有丰富蛋白质和钙，而巧克力含有草酸，两者同食会结合成不溶性草酸钙，极大影响钙的吸收，甚至会出现头发干枯和腹泻、生长缓慢等现象。

泡茶的适宜水温 >>>

水烧开后要凉一凉，不要马上泡茶，以70～80℃为宜；水温太高时茶叶中的维生素 C、维生素 P 就会被破坏，还会分解出过多的鞣酸和芳香物质，因而造成茶汤偏于苦涩，大大减低茶的滋养保健效果。茶叶更不能煮着喝。

骨头汤忌久煮 >>>

煮的时间过长会破坏骨头中的蛋白质，增加汤内的脂肪，对人体健康不利。正确的方法是：用压力锅熬至骨头酥软即可，这样时间不太长，汤中的维生素等营养成分也不会损

失很多，骨髓中所含的钙、磷等微量元素也容易被人体吸收。（见上页图）

白酒宜烫热饮用 >>>

白酒中的醛对人体损害较大，只要把酒烫热一些，就可使大部分醛挥发掉，这样对人身体的危害就会少一些。

汤泡米饭害处多 >>>

人体在消化食物时，需咀嚼较长时间，唾液分泌量也较多，这样有利于润滑和吞咽食物；汤与饭混在一起吃，食物在口腔中没有被嚼烂，就与汤一道进了胃里。这不仅使人"食不知味"，而且舌头上的味觉神经没有得到充分刺激，胃和胰脏产生的消化液不多，并且还被汤冲淡，吃下去的食物不能得到很好的消化吸收，时间长了，便会导致胃病。

鲜鱼冷冻前要除腮去内脏 >>>

将鲜鱼冻进冰箱前，一定要把鱼鳃和鱼内脏去除，同时洗净并装袋。这是因为鱼鳃极易沾染外界的细菌，内脏也留有很多污物，鱼死后这些部位的细菌会迅速繁殖，逐渐遍及全身，加速鱼体的腐烂变质。同时，鱼的胆囊也极易因冷冻而破裂，从而导致肉质发苦。所以冷冻鲜鱼前一定要去鳃、去内脏。

海鲜忌和富含单宁的水果同吃 >>>

柿子、葡萄、石榴、山楂、青杏等水果中的单宁类物质能够同海鲜中的蛋白质和钙发生作用，刺激胃肠。

食用海鲜慎饮啤酒 >>>

食用海鲜时饮用大量啤酒，会产生过多的尿酸，严重者可引起痛风。

巧除食物中的致癌物 >>>

1. 腌菜用水煮、日照、热水洗涤等方法，可去除内含的亚硝酸盐等致癌物。千万注意，腌菜用的陈汤不可重复使用。

2. 虾皮、虾米最好用水煮后再烹调，或在日光下曝晒 3 ~ 6 小时，以去掉内含的亚硝基化合物。

3. 香肠、咸肉等肉制品中含少量亚硝基化合物，不要用油煎。

4. 咸鱼在食用前最好用水煮或日光照射一下，以去除体表的亚硝基化合物（但对鱼体深部的致癌物破坏不大）。

食物中的不安全部分 >>>

1.畜"三腺"：猪、牛、羊等动物体上的甲状腺、肾上腺、病变淋巴腺是三种"生理性有害器官"。

2.羊"悬筋"：又称"蹄白珠"，一般为圆珠形、串粒状，是羊蹄内发生病变的一种组织。

3.兔"臭腺"：位于外生殖器背面两侧皮下的白鼠鼷腺、紧挨着白鼠鼷腺的褐色鼠鼷腺和位于直肠两侧壁上的直肠腺，味极腥臭，食用时若不除去，则会使兔肉难以下咽。

4.禽"尖翅"：鸡、鸭、鹅等禽类屁股上端长尾羽的部位，学名"腔上囊"，是淋巴腺体集中的地方，因淋巴腺中的巨噬细胞可吞食病菌和病毒，即使是致癌物质也能吞食，但不能分解，故禽"尖翅"是个藏污纳垢的"仓库"。

5.鱼"黑衣"：鱼体腹腔两侧有一层黑色膜衣，是腥臭味、泥土味最浓的部位，含有大量的类脂质、溶菌酶等物质。（见上图）

居家妙招

住得舒心,用得放心

①

②

③

购房技巧

购房前看"五证" >>>

　　若想购房不上当，首先要看售房方是否五证俱全，（以北京市为例），即：北京市计委立项批复证；建设工程规划许可证；国有土地使用证；建设工程开工许可证；北京市商品房销售许可证。五证齐全，

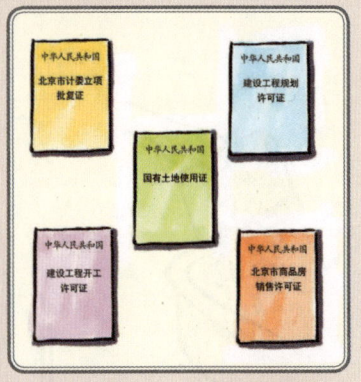

才能考虑购房，其他城市或地区也都有相似规定，购房前，一定要了解清楚，不可贸然行事。（见上图）

购房"三看" >>>

　　1. 看房屋质量。了解房地产设施、施工单位的资格是否符合国家有关标准、规范；通过质量验收、质量监督机构的核验和综合验收是否达标。国家按

118

照商品住宅性能评定方法和标准将住宅划分为由低至高 1A（A）、2A（AA）、3A（AAA）三级，3A最好。

2. 看开发商的实力和信誉。开发商必须符合资质等级的要求，住宅的开发建设符合国家的法律、法规和技术，经济规定以及房地产建设程序的规定。

3. 看合同签订。房地产商应向购房者出示"五证"，此外提供《商品住宅质量保证书》《商品住宅使用说明书》。购房人要谨慎签订定金条款，并明确合同条款所涉及的各项内容。

购房"十看十不看" >>>

1. 白天不看晚上看。了解入夜后房屋附近的噪音、照明、安全情况等。

2. 晴天不看雨天看。看房最好在雨天看，因为这是了解房屋承受能力的最好时机。

3. 不看建材看格局。不要被漂亮的建材迷惑，房屋优势是否有效发挥，有赖于格局设计得是否周全。

4. 不看地面看墙角。看墙角是否平整，有没有裂缝，有没有渗水，如果刚贴上的新墙纸就要留意，可能是用来掩盖水迹的。墙角承受上下左右的力量很重要。

5. 不看装潢看做工。尤其是每个接角、窗沿、墙角、天花板等做工是否细致。

6. 不看窗帘看窗外。有的商品房给住房配好了漂亮的窗帘，这时住户要特别小心，因为这可能是在掩盖通风和采光上的缺陷。

7. 不看电器看插座。有的开发商偷工减料，连电线和插座也不放过。购买住房前要仔细检查，否则将来会很麻烦。

8. 不看电梯看楼梯，即安全梯。

9. 不看家具看空屋。有的商品房样板间摆上了家具，这时住户要意识到，家具往往是伪装，空屋才是真面目。

10. 不问屋主问警卫。任何房屋在屋主的眼里都可能是最好的，而管理员或警卫却了解房屋环境和治安上的情况。

计算房屋面积的窍门 >>>

独用面积计算应为围护该户的周边墙体的中心线所包围的面积加上该户的阳台面积，封闭阳台按投影算全面积，不封闭阳台按投影算一半面积。每户所应分摊的公用面积是按该户独用面积占全楼各户独用面积之和所占的比例分摊后求得的。

公积金贷款与按揭贷款的利弊 >>>

1. 从可贷资金的来源来看，公积金暂不会排队等候。

2. 从申请贷款的资格来看，按揭贷款更宽松，外地人也可以申请。

3.从能够取得的贷款金额来看,公积金贷款更适合购买经济适用房,公积金贷款有数额限制,按揭只与房屋总价挂钩,即最高不超过房价的 80%,无其他上限规定。

4.从贷款的期限来看,两种贷款从理论上均可申请 30 年,但实际贷款期限各银行不一样。

5.从贷款的利率来看,公积金的利息负担要比按揭贷款少。

购买期房的注意事项 >>>

1.对公司的信誉、实力要细细考证。

2.签订预售合同要尽量细致。各种书面资料体现或口头承诺的规划、配套、交楼时间等不确定因素涉及的项目都写进预售合同。另外合同签订必须请律师。

3.关注开发商的物业管理承诺,并谨慎签署管理公约。物业管理收费混乱已成为业主投诉的一个热点。为防止这方面的问题,在开始签订合同时就要注意,身为业主,一定要明白自己有权对不平等的合约提出修改意见,一时大意可能会引来长久的烦恼。

4.关注大环境和小细节。买房时没注意的问题,交房时变得非常明显:高架噪声,比原先想象中的高得多;变电房离窗户太近构成污染;厨房、卫生间管道走向不合理，使用不便……因此，一定要通过其他渠道了解周边环境的规划，尽可能向开发商索取房屋的管线布局图等一切与房屋相关的文字资料，并作为合同的附件。

5. 证件尽量看原件，因为复印件比较容易篡改和伪造。

6. 约定不可抗力。延期交房是期房买卖中的常见问题，为避免承担违约责任，开发商经常以不可抗力为借口。为防止这方面的损失，购房人在签约时，一定要对涉及不可抗力的有关条款进行约定。

二手房交易容易忽略的环节 >>>

1. 买方是否已到税务局开具全额房款发票。

2. 新产证上是否已粘贴完税贴花和权证印花税。

3. 买方的买卖合同上是否已粘贴合同印花税。

4. 房屋内的电话是否已前往电信公司办理更名手续。

5. 是否已前往煤气公司办理煤气更名手续。

6. 是否已前往物业公司办理户名变更手续，结清上家与物业公司的各种费用。

7. 房屋的维修基金发票、物业管理费押金收据是否已及时交接。

8. 房屋内的各种设备发票、保修卡是否已交接。

9. 房屋的装修合同与装修发票、保修卡是否已交接。

10.水、电、煤、有线电视、宽带等费用是否已结清。

购房杀价小窍门 >>>

1.对于房屋所有缺点加以揭露，使卖主对自己所开高价失去信心，借以达到杀价的目的。

2.若卖主急欲脱手，可刻意拖延时间，如谎称需时间汇集资金等，等到临近期限的最后一个阶段，进行杀价。

3.可以告诉卖主是与合伙人共同投资的，所出价格需同合伙人商议。

4.对于所看的房屋，明明中意，仍要表示不喜欢的各种理由，借此杀价。（见上图）

购买商品房需要办理的手续 >>>

1.签订认购书，并向房地产开发商交纳一定数额的定金或预付款。

2.签订正式的房屋买卖契约。

3.到房地产管理部门办理房屋买卖登记。

4.按房屋买卖契约中的约定交纳房价款。需办理购房贷款的，与贷款人签订贷款协议，办理商业性贷款或住房公积金贷款。

5. 验收房屋，办理入住手续，与物业管理公司签订物业管理合同。

6. 按房屋买卖契约的约定办理房屋产权过户手续，领取房屋所有权证书。

验收房子需要的工具 >>>

1. 塑料洗脸盆：用于验收下水管道。

2. 小榔头：用于验收房子墙体与地面是否空鼓。

3. 塞尺：用于测裂缝的宽度。

4. 5 米卷尺：用于测量房子的净高。

5. 万用表：测试各个强电插座及弱电类是否畅通。

6. 计算器：用于计算数据。

7. 扫帚：用于打扫室内卫生。

8. 小凳子、报纸、塑料带及包装绳：可休息或预先封闭下水管道。（见上图）

新房验收需要查验的资料 >>>

1. 房屋的《住宅质量保证书》（可带走）。

2.《住宅使用说明书》（可带走）。

3.《竣工验收备案表》。

4. 面积实测表。

5. 管线分布竣工图（水、强电、弱电、结构，资料可带走）。

如果房产商准备充分的话，一般 10 分钟即可查看完资料。

验收房屋需要记录的数据 >>>

最好把水表、电表数字、楼高、马桶坑距、浴缸长度和宽度、冲淋房尺寸、吊顶高度都记在一个小本子上，同时把一些验收房子的数据和问题写在物业公司提供的纸张上。

如何鉴别产权证的真假 >>>

1. 封皮。材质为进口涂塑纸，封面上部印有中华人民共和国国徽，下部第一行字"中华人民共和国"是用圆体字印制，第二行字"房屋所有权证"为黑体字印制，全部为金黄色。

2. 建房注册号。由建设部对每个能够发证的市、县级发证机关进行注册登记并予以编号，北京市统一建房注册号为 11001。

3. 团花。在封面里页上有红色和绿色两色细纹组成的五瓣叠加团花图案，线条流畅，纹理清晰。

4. 水印。为宋体"房屋所有权证"底纹暗印。

5. 发证机关盖章。法定的发证机关是各市、县房地产管理局，房产证上所盖的发证机关印章均是机器套印，印迹清晰、干净，印色均匀，北京市发证机关为北京市国土资源和房屋管理局。

6. 用纸：浅粉色印钞纸。

7. 花边：在首页，有上下左右均等宽对称的咖啡色花纹边框，花纹清晰、细腻。

8. 填发单位：在第二页右下角为填发单位（盖章）：即为房屋产权所在区、县房屋土地管理局印章。

9. 编号：在封底"注意事项"右下角：有印钞厂的印刷流水编号，同一发证机关的权证号码是连续的。

以上特点为新房屋产权证所具备的。而假的一般为用纸粗糙，花纹、团花线条粗细不一，印刷不清，而证章多为私刻，大小不一，字体歪斜等，只要稍加注意，很容易区分，如对交易方手中的产权证有疑虑，可到房产所在区、县房屋土地管理局核查、鉴定，制作再好的假产权证也会暴露无遗。

装修布置 🌀

巧选装修公司 >>>

　　选择装修公司，千万不要找"马路游击队"；但也不要找大的装修公司，费用会比较高；新开张的装修公司装修质量和管理容易出问题；可以找一些名气不大但同事朋友以前做过的口碑不错的装修公司。

巧除手上的油漆 >>>

　　刷油漆前，先在双手上抹层面霜，刷过油漆后把奶油涂于沾有油漆的皮肤上，用干布擦拭，再用香皂清洗，就能把附着于皮肤上的油漆除掉。（见下图）

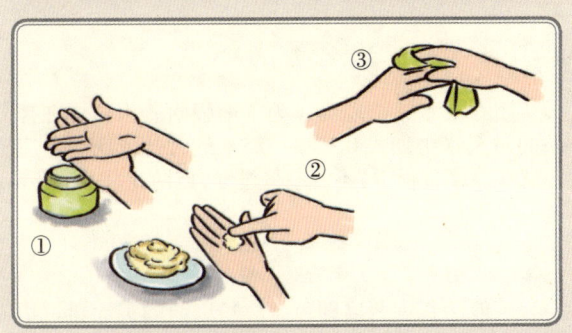

春季装修选材料要防水 >>>

选材时，选用含水率低的材料。运送材料时，要尽量选好晴好天气。如下雨天确实需要，应用塑料膜保护好，千万不能淋湿，更不能放在厨、卫、阳台等易潮的地方。石膏板不能直接放在地上。木线应放置在钉在墙上的三脚架上。如材料已经受潮，不能再使用，切忌晒干后再用。胶黏材料白乳液也要用含水率低的。

雨季装修应通风 >>>

在潮湿的季节，空气流通比较缓慢，很多有害物质会存留在室内或者装饰装修材料里面。所以，在这个季节为了把有害物质释放得多一些，需要增加室内外的通风，同时要保持室内尽可能的干燥。

增强涂料附着力的妙方 >>>

用石灰水涂饰墙面，为了增强附着力，可在拌匀的石灰水中加入 0.3% ~ 0.5% 的食盐或明矾。应注意在涂刷过程中，不宜刷得过厚，以防止起壳脱落。

巧算刷墙涂料用量 >>>

一般涂料刷两遍即可。故粉刷前购买涂料可用以下简便公式计算：涂刷房间的总面积（平方米）除以 4 再加上被刷墙面涂刷高度（米）然后除以 0.4，得数便是所需涂料的数量（千克）。如涂刷的厨房是 8 平方米，刷墙高度为 1.6 米，按上述公式算出，需购买 6 千克涂料，就足够涂刷两遍了。

切、钻瓷砖妙法 >>>

若要切割瓷砖或在瓷砖上打洞，可先将瓷砖浸泡在水中 30 ~ 60 分钟，或更长时间，让其"吃"饱水。然后在瓷砖反面，按照所需要的形状，用笔画出，再用尖头钢丝钳，一小块、一小块地将不需要的部分扳下，直至成型，边缘用油石磨光即可。若是打洞，可用钻头或剪刀从反面钻。（见右图）

计算墙纸的方法 >>>

墙纸门幅各异，各家墙的窗、门亦不同，买墙纸要做到不多不少，可用（L/M+1）×（H+h）+C/M 的公式计算。L 是扣去窗、门后四壁的

①
②
③
④
⑤

长度；M 是墙纸的门幅；加 1 做拼接的余量；H 是
所贴墙纸的高度；h 是墙纸上两个相邻图案的距离，
做纵向拼接余量；C 是窗、门上下所需墙纸面积。
计算时应以米为单位，面积平方米。计算时整除不尽，
小数点后的数只入不舍。

瓷砖用量的计算方法 >>>

    1. 装修面积 ÷ 每块瓷砖面积 ×[1+3%（损耗
量）]= 装修时所需瓷砖块数

    2. 装修时所需瓷砖平方数 +5% 下脚料 +5% 余
数 = 装修时所需要瓷砖量

巧选瓷砖型号 >>>

    一般 20 平方米以上的房间选用 600mm×600mm
的地砖，20 平方米以下、10 平方米以上的房间可用
500mm×500mm 的地砖，而 10 平方米以下的房间可
选用传统的 200mm×200mm、300mm×300mm 的地砖。

厨房装修五忌 >>>

    1. 忌材料不耐火。厨房是个潮湿易积水的场所，
所以地面、操作台面的材料应不漏水、渗水，墙面、
顶棚材料应耐水、可用水擦洗。

    2. 忌材料不耐火。火是厨房里必不可少的能源，

所以厨房里使用的表面装饰必须注意防火要求，尤其是炉灶周围更要注意材料的阻燃性能。

3. 忌餐具暴露在外。厨房里锅碗瓢盆、瓶瓶罐罐等物品既多又杂，如果袒露在外，易沾油污又难清洗。

4. 忌夹缝多。厨房是个容易藏污纳垢的地方，应尽量使其不要有夹缝。例如，吊柜与天花板之间的夹缝就应尽力避免，因天花板容易凝聚水蒸气或油渍，柜顶又易积尘垢，它们之间的夹缝日后就会成为日常保洁的难点。水池下边管道缝隙也不易保洁，应用门封上，里边还可利用起来放垃圾桶或其他杂物。

5. 忌使用马赛克铺地。马赛克耐水防滑，但是马赛克块面积较小，缝隙多，易藏污垢，且又不易清洁，使用久了还容易产生局部块面脱落，难以修补，因此厨房里最好不要使用。

卧室装饰小窍门 >>>

1. 轻床屉重床垫。床屉只要牢固耐用就可以了，颜色款式不必张扬，但一定要力所能及地买一个好的床垫，它可使主人的身心得到充分的休息，每日精神百倍。

2. 轻家具重布艺。更多的家具和装饰会使人烦躁，而卧室的布艺会使家变得温馨，卧室的窗帘、床单、抱枕，甚至脚踏、坐凳，如果色彩协调统一，会使人心旷神怡。

客厅装饰小窍门 >>>

1.轻家具重装饰。客厅中的家具通常会占很大的预算，可以用些简简单单的家具，然后靠饰物美化客厅。

2.轻墙面重细节。让墙回归它本身演变的颜色，靠墙面的配饰完全可以蓬荜生辉。

巧法揭胶纸、胶带 >>>

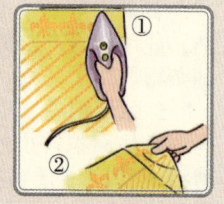

贴在墙上的胶纸或胶带，如果硬是去揭，会受损坏，可用蒸汽熨斗熨一下，就能很容易揭去了。（见右图）

餐厅色彩布置小窍门 >>>

餐厅色彩宜以明朗轻快的色调为主，最适合用的是橙色以及相同色相的姐妹色。这两种色彩都有刺激食欲的功效。整体色彩搭配时，还应注意地面色调宜深，墙面可用中间色调，天花板色调则宜浅，以增加稳重感。在不同的时间、季节及心理状态下，人们对色彩的感受会有所变化，这时，可利用灯光来调节室内色彩气氛，以达到利于饮食的目的。家具颜色较深时，可通过明快清新的淡色或蓝白、绿白、红白相间的台布来衬托。桌面配以绒白餐具，可更具魅力。

以手为尺 >>>

布置家庭，外出采购，常会碰到因尺寸拿不准而犹豫不决。在平时，最好记住自己手掌张开，拇指和小指两顶端之间的最大长度，以便在必要时，权且以手当尺。（见右图）

防止木地板发声的小窍门 >>>

为了不让木制地板在人走动时发出"咯吱"声，可在地板缝里嵌点肥皂。

巧法美化阳台 >>>

在阳台一侧设计成"立体式"花架，摆放几盆耐光照的花卉，在另一个侧墙上，沿墙安放一个"嵌入式"的书架，摆放一个小书桌，台面隐蔽在内，再配上一个转椅，在柔和的灯光下看书阅读，别有一番情趣。

巧除室内异味 >>>

室内通风不畅时，经常有碳酸怪味，可在灯泡上滴几滴香水或花露水，待遇热后慢慢散发出香味，室内就清香扑鼻了。（见右图）

活性炭巧除室内甲醛味 >>>

购买 800 克颗粒状活性炭，将活性炭分成 8 份，放入盘中，每个房间放 2~3 盘，72 小时可基本除尽室内异味。

巧用橘皮解煤气异味 >>>

煤火中放几片风干的橘子皮，可解煤气异味。

巧用柠檬除烟味 >>>

将含果肉的柠檬切成块放入锅里，加少许水煮

成柠檬汁，然后装入喷雾器，喷洒在屋子里，就能
达到除味效果。

食醋可除室内油漆味 >>>

在室内放一碗醋，2 ~ 3 天后，房内油漆味便
可消失。

巧除厨房异味 >>>

1. 在锅内适当放些食醋，加热蒸发，厨房异味
即可消除。

2. 在炉灶旁烤些湿橘皮，效果也很好。

燃废茶叶除厕所臭味 >>>

将晒干的残茶叶，在卫生间燃烧熏烟，能除去
污秽处的恶臭。

塑钢窗滑槽排水法 >>>

在滑槽和排水孔里穿上几根毛线或棉线绳，其
外侧要探出阳台或窗台，滑槽里再平放几根长 10 厘
米左右的毛线或棉线绳，与排水孔里侧的毛线或棉
线绳连在一起，形成 T 字形。当滑槽出现积水时，
积水便会顺着毛线或棉线绳顺畅地流出。

巧除衣柜霉味 >>>

抽屉、壁橱、衣箱里有霉味时，在里面放块肥皂，即可去除；衣橱里可喷些普通香水，去除霉味。

牙膏可使玻璃变亮 >>>

玻璃日久发黑，可用细布蘸牙膏擦拭，会光亮如新。

巧去木地板污垢 >>>

地板上有了污垢，可用加了少量乙醇的弱碱性洗涤液混合拭除。因为加了乙醇，除污力会增强。胶木地板也可用此法去除污垢。由于乙醇可使木地板变色，应该先用抹布蘸少量混合液涂于污垢处，用湿抹布拭净。若木地板没有变色，便可放心使用。

毛头刷除藤制家具灰尘 >>>

藤制家具用久了会积污聚尘，可用毛头柔和的刷子自网眼里由内向外拂去灰尘。若污迹严重，可用家用洗涤剂洗去，最后再干擦一遍即可。（见右图）

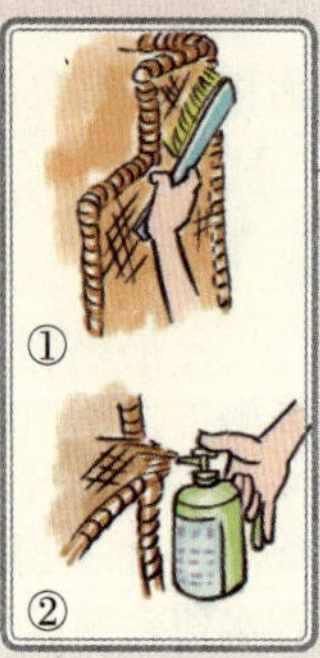

①

②

巧除墙面蜡笔污渍 >>>

　　墙上被孩子涂上蜡笔渍后十分不雅，可用布（绒布最佳）遮住污渍处，用熨斗熨烫一下即可，蜡笔油遇热就会熔化，此时迅速用布将污垢擦净。

绒面沙发除尘法 >>>

　　把沙发搬到室外，用一根木棍轻轻敲打，把落在沙发上的尘土打出，让风吹走。也可在室内进行。其方法是：把毛巾或沙发巾浸湿后拧干，铺在沙发上，再用木棍轻轻抽打，尘土就会吸附在湿毛巾或沙发巾上。一次不行，可洗净毛巾或沙发巾，重复抽打即可。

巧除家电缝隙的灰尘 >>>

　　家用电器的缝隙里常常会积藏很多灰尘，且用布不易擦净，可将废旧的毛笔用来清除缝隙里的灰尘，非常方便。或者用一只打气筒来吹尘，既方便安全，还可清除死角的灰尘。

自测花土的 pH 值 >>>

到化工商店买一盒石蕊试纸，盒内装一个标准比色板。先用一勺培养土，按一份土、两份水的比例稀释，待沉淀以后，撕下一条试纸，放入溶液中 1~2 秒，取出和比色板对照，找出颜色与试纸颜色

相似的色板号，即为土壤的 pH 值。如果黄绿色即为中性土壤，pH 值为 6.5 ~ 7.5，适合栽植的品种较多，如郁金香、水仙、秋海棠、文竹、勿忘草、金鱼草、紫罗兰等花卉。黄色到橘红色为弱酸性土壤，pH 值 5.5 ~ 6.5，适合栽植桂花、朱顶红、倒挂金钟、仙客来、万寿菊、波斯菊等花卉。橘红色到红色为强酸性土壤，pH 值 4.5 ~ 5.5，适合栽培凤尾蕨、山茶、杜鹃、凤梨、彩叶草等喜酸品种。蓝色到紫色为极强碱性土壤，pH 值大于 9.5，适宜品种很少。大多数花卉在 pH 值为 6.0~7.0 的土壤中生长最佳。（见上图）

阳台栽花选择小窍门 >>>

　　根据高楼阳台的特点，栽花宜选用喜阳光耐旱的品种。因此，多肉植物仙人掌类花卉，便成了阳台上的宠儿；月季占着优先地位，特别是白色、黄色或很香的品种，如紫雾、月光、金不换之类，更为适合。其他木本花、盆松、盆竹、茉莉、海棠、太阳花等，还有扶桑、吊兰、宝石花等，都适合在阳台上栽种。其中还有晚香玉、水仙、倒挂金钟、仙客来等。

不适合卧室摆放的花木 >>>

　　1. 兰花、百合花：香气过于浓烈，容易使人失眠。

　　2. 月季花：月季所散发的浓郁香味，会使一些人产生胸闷不适、憋气与呼吸困难的现象。

　　3. 松柏类：其芳香气味对人体的肠胃有刺激作用，能使孕妇感到心烦意乱、恶心呕吐。

　　4. 洋绣球花：洋绣球花会散发一些微粒，导致皮肤过敏。

　　5. 夜来香：夜来香在晚上会散发出大量刺激嗅觉的微粒，闻之过久，心脏病患者感到头晕目眩、郁闷不适，甚至病情加重。

　　6. 郁金香：郁金香的花朵含有一种毒碱，如果接触过久，会加快毛发脱落。

　　7. 夹竹桃：夹竹桃可分泌出一种乳白色液体，

接触时间一长，会引起中毒、昏昏欲睡、智力下降等症状。

剩鱼虫可做花肥 >>>

现在养鱼的人越来越多，养鱼要喂鱼虫，但有时鱼虫死得快，剩下的死鱼虫残留物不要倒掉，可用来浇花用，给花增加了肥料，花长得壮、开得鲜，如一次用不了可灌到瓶子中备用。

巧用柑橘皮泡水浇南方花卉 >>>

米兰、茉莉、海桐等南方花卉在北方的碱性土质上不易成活，生长不好。可用柑橘皮泡水 2～3 天，用来浇花，天长日久，花卉枝叶壮实，开花多，香味浓郁。

鲜花萎蔫的处理 >>>

鲜花蔫了，可剪去花枝末端一小段，然后将鲜花放到盛满冷水的容器中，仅留花头露出水面，一两个小时后花朵就会苏醒过来。

巧用剩啤酒擦花叶 >>>

室内常绿花卉如龟背竹、橡皮树、君子兰、鹤望兰等，长期摆放时，虽以清水为叶面擦拭，水蒸发后仍难免留有尘渍泥点，影响观赏。用兑一倍水的剩啤酒液擦花叶，不仅叶面格外清新洁净、明显地焕发出油绿光泽，此后再依正常管理向叶面喷水，光亮期可保持 10 天左右。

巧用大蒜除花卉虫害 >>>

大蒜 200～300 克，捣烂取汁，加 10 升水稀释。立即用来喷洒植株。

根除庭院杂草法 >>>

平常腌制鸭蛋或咸菜的盐水，不要随便倒掉，在杂草繁盛季节，将盐水泼在杂草上，三四次即可遏止杂草的生长。此外，煮土豆的水也可除去庭院里或过道上的杂草。（见右图）

新鱼缸的处理 >>>

新缸养鱼前应装水浸泡消毒，1～2 天后将水换去，因为新缸的密封玻璃胶内含有大量的酸性有毒物质。

鱼苗打包小窍门 >>>

打包时鱼的密度不能过高，应充足氧气，避开阳光直射。回家后应连包装袋一起放入事先配好水的鱼缸中，数十分钟后，让袋中的水温与鱼缸内水温平衡时，将袋口解开连鱼连水一起放入鱼缸。（见右图）

宠物洗澡小窍门 >>>

最好洗两遍澡，第一遍最好别洗头，用硫黄皂把四肢及肛门等比较脏的地方清洗；第二遍清洗要全面而细致，选用专业的宠物香波，可用毛刷进行清洗辅助，要防止将洗发剂流到宠物的眼睛或耳朵。冲水时要彻底，不要使肥皂沫或洗发剂滞留在宠物身上引起皮肤炎。

冬季养热带鱼保温法 >>>

将鱼缸放置在阳光照射或靠近

暖气片的地方，鱼缸上盖层玻璃，每天加小半壶温水分两次倒入鱼缸；或每次把烧完开水的壶里装半壶凉水，利用余热，3分钟后倒进鱼缸，每晚睡觉前在鱼缸上盖层布单；室内暖气16℃时，水温保持在19～20℃，这样冬天的鱼儿也可以活得自由自在了。

抓幼犬的小窍门 >>>

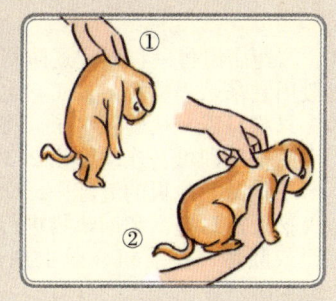

先用一只手抓住犬的颈部上方将其提起，随后用另一只手托住它的腹部，不要像提猫那样，只抓住它的颈背部的皮。抱犬时，可用一只手放在犬的胸前，另一只手或手臂托住它的后肢与尾部，并贴进身体，使它感到安稳。切勿只抓住幼犬的前腿，因为幼犬筋骨和肌肉尚未发育完全，很易骨折或损伤。（见上图）

梳理宠物毛发小窍门 >>>

梳毛应顺毛方向快速梳拉，由颈部开始，自前向后，由上而下依次进行，即先从颈部到肩部，然后依次背、胸、腰、腹、后躯，再梳头部，最后是四肢和尾部，梳完一侧再梳另一侧。而口周围、耳后、腋下、股内侧、趾尖等宠物最不愿让人梳理的部位更要梳理干净。梳理时，动作应柔和细致，不能粗暴蛮干，为减少和避免宠物的疼痛感，可一手握住毛根部，另一只手梳。梳理长毛宠物时，应一层一层地梳，即把长毛翻起，然后对其底毛进行梳理。

巧法消灭猫蚤 >>>

药店出售一种叫"辽防特效杀虫块"的药，一般用它来杀灭蟑螂，其实它也是杀灭猫蚤的良药，一只猫只需一块药就够了。将药捣成粉末，涂到猫毛的根部即可，连续使用 2~3 次疗效更佳。猫蚤产卵于猫窝及地板的缝隙中，幼蚤呈蠕虫状。彻底消灭猫蚤需对猫窝和铺垫物进行消毒。可撒上上述药粉或喷洒一些有机磷杀虫剂，也可用来苏水冲洗地板。

胶带除衣物上的宠物毛 >>>

剪下大约 10 厘米的宽胶带，胶面向外缠在手上，用手在有毛的衣物上按压，毛就被粘在胶带上了。一面粘满了换另一面，重复以上步骤，直到胶带表面完全失去黏力为止。

灭蟑除虫 🌊

巧用黄瓜驱蟑螂 >>>

把黄瓜切成小片，放在蟑螂出没处，蟑螂也会避而远之。

巧用橘皮驱蟑螂 >>>

把吃剩的橘子皮放在蟑螂经常出没的地方，特别是暖气片、碗柜及厨房内的死角，可有效去除蟑螂，橘皮放干了也没关系。

巧捕蟑螂 >>>

蟑螂的尾须是个空气振动感受器，能辨别敌人的方向。所以，在捕杀蟑螂时，应在口中发出"嘘"声，以此作掩护，然后出其不意地向它扑打，这种声东击西的方法，能将蟑螂打死或捕获。

自制灭蟑药 >>>

取一些面粉、硼酸、洋葱、牛奶做原料。把洋葱切碎，挤压取汁，把它一点一点加入同量的面粉和硼酸里，再添加一点牛奶，用手揉成直径约 1 厘米的小团子，放在蟑螂经常出没的菜橱、厨房角落等处，只要蟑螂咬一口就会被毒死。如放几天后，硼酸团子变硬，但效果不变。

硼酸灭蟑螂 >>>

把一茶匙硼酸放在一杯热水中溶化，再用一个煮熟的土豆与硼酸水捣成泥状，加点糖，置于蟑螂出没的地方。蟑螂吃后，硼酸的结晶体可使其内脏硬化，几小时后便死亡。

冬日巧灭蟑螂 >>>

蟑螂喜热怕冷，在冬天的夜晚，可将碗柜搬离暖气管，然后打开窗户，闭紧厨房门，让冷空气对整个厨房进行冷冻，连着冷冻 2 ~ 3 天，蟑螂几乎全被冻死。

旧居装修巧灭蟑螂 >>>

旧房子装修时，有必要进行一次灭蟑。取 3 立方米左右锯末与 100 克左右"敌敌畏"乳油拌和待用。另取干净锯末若干，以 1 厘米左右的厚度平铺在厨房、卫生间地面与管道相交处以及房角等蟑螂或小红蚁经常出没往来之处。然后将含药锯末同样平铺于干净锯末之上。最后再铺一层 1 ~ 2 厘米厚的干净锯末（此层一定要盖住拌和物）。这样，过几日后就不会再见到蟑螂等害虫。

果酱瓶灭蟑螂 >>>

买一瓶收口矮的什锦果酱，吃完果酱后，将瓶子稍微冲一下，瓶中放 1/3 的水后，把瓶盖轻轻放在瓶口上，不要拧紧，然后把它放在蟑螂经常出没的地方。晚上陆续会有蟑螂爬到瓶里偷吃果酱，结果统统被淹死在里面。

节省蚊香法 >>>

用一只铁夹子将不准备点燃的部位夹住，人入睡以后，让蚊香自然熄灭。这样，一盘蚊香可分 3 ~ 4 次使用。（见右图）

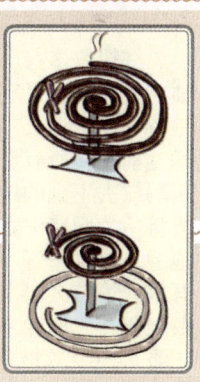

蛋壳灭蚁 >>>

将蛋壳烧焦研成粉末，撒在墙角或蚁穴处，可杀死蚂蚁。

香烟丝驱蚁 >>>

买一盒最便宜的香烟，将烟丝泡的水（泡两天即可）或香烟丝洒在蚂蚁出没的地方（如蚁洞口或门口、窗台），连洒几天蚂蚁就不会再来了。但这种方法只是使蚂蚁不再来，并不能杀死蚂蚁。

蜡封蚁洞除蚂蚁 >>>

用蜡烛油一滴一滴浇在蚂蚁洞口，冷却后的蜡将蚂蚁洞口封死。如果有个别洞穴被蚂蚁咬开，再浇一次蜡烛油，即可彻底根除。

巧用肥肉除蚁 >>>

红蚂蚁多在厨房有油物食品处，可利用这一特点将其消灭。晚上睡觉前先将所有食物移至蚂蚁去不到的地方，再将一片肥猪肉膘放在地上，并推备好一暖瓶开水。第二天早上，蚂蚁聚集在肥肉膘上吃得  正香，不要惊散蚂蚁，立即用开水烫死。这样几次即可消灭干净。（见上图）

家居用品选购 🌊

巧辨红木家具 >>>

红木与花梨木较难区分，可将木屑放入玻璃杯中，用水浸泡可见"荧光反应"者为花梨木类。另外，将浸泡液放在阳光或灯下观察，花梨木为棕色，红木则无此色，部分花梨木板面具有"蟹抓纹"。花梨木

的重量、硬度、稳定性能均较红木次之。仿红木类的家具多采用深红颜色的硬杂木，或在普通硬杂木表面涂饰红木颜色制成，易开裂、结构粗、稳定性能差。（见上图）

买空调按面积选功率 >>>

在确定所要选购的空调的匹数时，要结合房间的面积大小，比如房间在 16m² 以下就配 1P 挂机，16 ~ 20m² 选 1.5P 挂机，21 ~ 37m² 购 2P 柜机。

巧选电扇 >>>

1. 初选。主要看外观并检验机件的可靠性。要式样新颖，油漆均匀，电镀光洁无锈蚀，开关灵活，仰俯角灵活，锁紧装置可靠，定时器稍上弦就能走动，走时不停，走完时有弹开声，各种装置附件完整齐全。

2. 通电调试。①启动灵活，在最低挡位置也能顺利启动；②运转时，扇叶平稳，噪声小，整机无抖动现象；③网罩安全，如系有感性安全装置的，手触网罩，电机即停；④风量大，启动后各档自然速度有明显区别；⑤摇头灵活平稳，摆动角度应大于80°，摇头往复次数每分钟不少于4次；⑥运转一段时间后，用手摸不应有烫手感，风扇外壳不应有带电现象。

彩电试机小窍门 >>>

1. 看图像是否清晰，不能有镶边拖尾的现象。

2. 我国电视信号采用的是 PAL 制式，存在场频低，图像闪烁的问题，应要求销售人员调到电视信号来演示，不要被使用大红、大绿等颜色为主调的演示所迷惑。

3. 检验说明书中的各种功能是否正常。

4. 检查音量是否能够关死，如果有两个喇叭，要听一听是否都响，音量是否一致。

5. 机器运回家后，重点要看一看节目接收情况，开机试看要把能够收到的节目都调出来看一看，不能有严重的雪花噪点或扭曲，最好对照节目播出前的彩色测试图，再看一看色彩、清晰度和图像的保真度如何。

巧识无霜冰箱 >>>

无霜冰箱具有冷量分布均匀、冷冻效果好的优点，辨别无霜冰箱，最简单的方法是留意型号中有没有字母"W"。如"BCD－182W"，其中 W 的含意是无霜。

买高压锅应注意的细节 >>>

可用手指试一下，能否碰到下手柄的紧固螺钉，若能碰到，在锅内有压力的情况下端锅，手有可能触及手柄紧固螺钉，造成烫伤以及引发更大的伤害事故。

巧选微波炉 >>>

用手指按捏微波炉门体内每一处，打开炉门，好的微波炉门面硬度好，按捏不动。门体里面四周为防止微波泄漏的"扼流圈"的安放处，一般为黑色，质地坚韧，不松动，手指难以按动，按时无声，开关炉门"咔嚓"声清脆，不拖泥带水。低劣的微波炉材质差，门体多为有机塑料，单层密封，手指按捏松动的多，甚至听到"咯吱"声，使用日久微波易泄漏，对人体危害很大。

购买油烟机的小窍门 >>>

1. 讲究实用性，最好不要什么液晶显示，费钱也容易坏。

2. 选传统机械式开关，不要用触摸式，不易坏且便宜，可替代性也高，坏了可修。

3. 排风量是很重要的参数，带有集烟罩的深吸型比较好，出风口直径大的比较好。

4. 玻璃和不锈钢面板擦洗比较方便，但比较贵。不需要自动清洗功能，基本没有什么作用，也容易坏。

巧识正版数码相机 >>>

每一台数码相机都具有一个唯一的编码，鉴别数码相机最简单的方法就是电话确认机器的序列号。用户只需拨打厂家国内的技术支持部或分公司的电话，就能知道自己购买的数码相机到底是水货还是真货了。

巧法识别正版手机 >>>

1. 正版手机输入"*#06#"后屏幕上会显示一串

数字。这个是手机的 IMEI 码，每台手机的 IMEI 码都是唯一的，没有重复，并且和背贴、包装上面所印刷的 IMEI 码一致。

2. 在验钞机下，进网许可标签右下角显示发红色荧光的 CMII 字样（此为信息产业部的英文缩写）。还有一个不很清晰的数字。此外，还可在上面看到一条荧光竖线，用手摸有明显的凹凸感。

巧购布艺沙发 >>>

买布艺沙发要选择面料经纬线细密平滑，无跳丝，无外露接头，手感有绷劲的。缝纫要看针脚是否均匀平直，两手用力扒接缝处看是否严密，牙子边是否滚圆丰满。沙发的座、背套宜为活套结构，高档布艺沙发一般有棉布内衬，其他易污部位应可以换洗。（见上图）

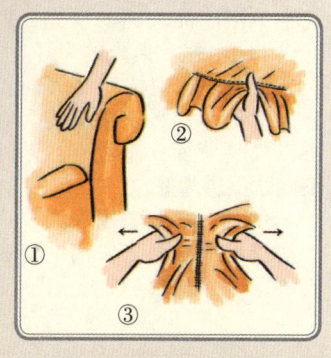

巧选冬被套 >>>

冬天宜用斜纹布做被套。这是因为斜纹布做的被套比平纹布冷的感觉小得多。其道理是，平纹布交织点多，质地较紧，手感较硬，而斜纹布交织点少，布面不但柔软，而且起绒毛，所以比平纹布更能发挥棉纤维多孔隙保暖的特点，因此冷感自然就小了。

巧选卫浴产品 >>>

1. 在较强光线下，从侧面仔细观察卫浴产品表面的反光，表面没有或少有砂眼和麻点的为好。

2. 用手在卫浴产品表面轻轻摩擦，感觉非常平整细腻的为好。还可以摸到背面，感觉有"沙沙"的细微摩擦感为好。

3. 用手敲击陶瓷表面，一般好的陶瓷材质被敲击发出的声音是比较清脆的。（见右图）

按面积选灯泡 >>>

居室灯泡的光度过强或是过弱，都会影响人的视力和健康，居室的空间与照明的光度，大致参照如下的标准：

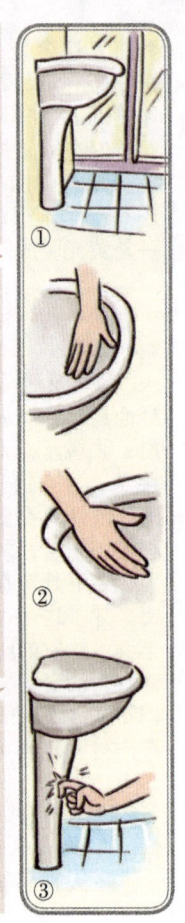

154

居室空间面积 （平方米）	灯光照明 瓦数（瓦）
15 ～ 18	60 ～ 80
30 ～ 40	100 ～ 150
45 ～ 50	220 ～ 280
60 ～ 70	300 ～ 350
75 ～ 80	400 ～ 450

如何识读洋酒 >>>

X：一星，5 年
XX：二星，10 年
XXX：三星，15 年
V.O：15 年以上
V.S.O：20 年以上
V.S.O．P：30 年以上
X.O：40 年以上

如何选择镜片颜色 >>>

要使眼睛不受红外线、紫外线的辐射，眼镜的颜色应有足够的深度。一般以深灰色为佳，深褐色和黑色次之，蓝色和紫色最差，因为这两种镜片会透过更多的紫外线。黄色、橙色和浅红色的尽量不用。最好选择标签上明确标注 100% 防紫外线的产品。

物品使用 〰

牙膏巧做涂改液 >>>

写钢笔字时，如写了错别字，抹点牙膏，一擦就净。（见右图）

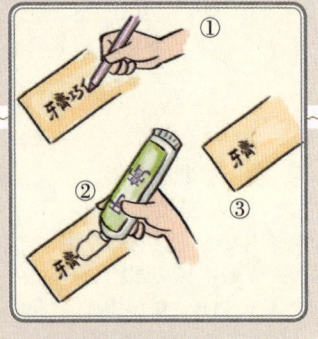

巧用肥皂 >>>

1. 液化气减压阀口，有时皮管很难塞进去，如在阀口涂点肥皂，皮管就很容易塞进去了。

2. 油漆厨房门窗时，可先在把手和开关插销上涂点肥皂，这样粘上油漆后就容易洗掉了。

轻启玻璃罐头 >>>

取宽 3 厘米、厚 1 厘米、长约 16 厘米的木板条 1 根，2 厘米长的圆钉 1 颗。将钉子钉在木条一端靠里 0.5 厘米处中央，钉头对准罐头铁盖周围凹缝处，木条顶住罐头瓶颈，往下轻压，如此多压几个地方，整个铁盖就会松动，打开就不难了。

蜡烛头可润滑铁窗 >>>

　　如房间里安装的是铁窗，可将蜡烛头或肥皂头涂在铁窗轨道上，充当润滑剂，可使铁窗开关自如。

巧用碱水软化毛巾 >>>

　　毛巾用久了会发硬，可以把毛巾浸入 2% ~ 3% 的食用碱水溶液内，用搪瓷脸盆放在小火上煮 15 分钟，然后取出用清水洗净，毛巾就变得白而柔软了。

巧磨指甲刀 >>>

　　将一废钢锯条掰出一新断口，把用钝的指甲刀两刃合拢，然后用锯条锋利的断口处在指甲刀两刃口上来回反复刮 10 下，指甲刀就会锋利如新了。

钝刀片变锋利法 >>>

　　在刮脸前，把钝刀片放进 50℃以上的热水里烫一下，然后再用，就会和新的一样锋利。

拉链发涩的处理 >>>

　　1.拉链发涩，可涂点蜡，或者用铅笔擦一下滞涩的拉链，轻轻拉几下，即可。

2. 带拉链的衣服每次洗过后，若在拉链上涂点凡士林，拉链不易卡住，并能延长其使用寿命。

蛋清可黏合玻璃 >>>

玻璃制品跌断后，可用蛋清涂满两个断面，合缝后擦去四周溢出的蛋清，半小时后就可完全黏合，再放置一两天就可以用了，即使受到较大外力的作用，黏合处也不会断裂。此法也可用来粘合断裂的小瓷器。

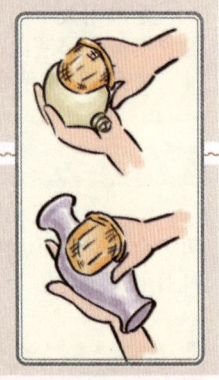

破旧袜子的妙用 >>>

将破旧纱袜套在手上，用来擦拭灯泡、凹凸花瓶、贝雕工艺品等物体，既方便，效果也好。（见右图）

凉席使用前的处理 >>>

新买凉席及每年首次使用凉席前，要用热开水反复擦洗凉席，再放到阳光下曝晒数小时，这样能将肉眼不易见到的螨虫、细菌及其虫卵杀死。秋季存放凉席时也以此法进行，再内放防蛀、防霉用品以抑制螨虫的生长。

不戴花镜怎样看清小字 >>>

老年人外出时若忘了带老花镜，而又特别需要看清小字，如药品说明书等，可以用曲别针在一张纸片上戳个小圆孔，然后把眼睛对准小孔，从小孔中看便可以看清。

吸盘挂钩巧吸牢 >>>

日常生活中，吸盘式挂钩常常贴不紧，可将残留在蛋壳上的蛋液均匀涂在吸盘上再贴，要牢固得多。

防雨伞上翻的小窍门 >>>

把雨伞打开，在雨伞铁支条的圆托上，按支条数拴上较结实的小细绳，细绳的另一头分别系在铁支条的端部小眼里。这样，无论风怎样刮，雨伞也不会上翻了。并且丝毫不影响它的收放及外观。

巧为冰箱除霜 >>>

按冷冻室的尺寸剪一块塑料薄膜（稍厚一点的，以免撕破），贴在冷冻室内壁上，贴时不必涂黏合剂，冰箱内的水汽即可将塑料膜粘住。须除霜时，将食物取出，把塑料膜揭下来轻轻抖动，冰霜即可脱落。然后重新粘贴，继续使用。

电热毯再使用小窍门 >>>

用过的电热毯，其毯内皮线可能老化、电热丝变脆，使用前不要急于把叠着的电热毯打开，避免折断皮线和电热丝。正确的使用方法：把电热毯通电热一下再打开铺在床上。（见右图）

巧用冰箱保鲜室 >>>

冰箱保鲜室还可以作为冷冻食品的解冻室，上班前如将食品放在该室，下班后可即取即用。

电饭锅省电法 >>>

1. 做饭前先把米在水中浸泡一会儿，这样做出的米饭既好吃，又省电。

2. 最好用热水做饭。这样不但可保持米饭的营养，也能达到节电目的。

3. 电饭锅通电后用毛巾或特制的棉布套盖住锅

盖，不让其热量散发掉，在米饭开锅将要溢出时，关闭电源，过5~10分钟后再接通电源，直到自动关闭，然后继续让饭在锅内焖10分钟左右再揭盖。这样做不仅省电，还可以避免米汤溢出，弄脏锅身。（见右图）

食物化冻小窍门 >>>

鲜鱼、鸡、肉类等一般存放在冷冻室，如第二天准备食用，可在头天晚上将其转入冷藏室，一来可慢慢化冻，二可减少冰箱启动次数。

电视节能 >>>

收看电视，电视机亮度不宜开得很亮。如51厘米彩电最亮时功耗为90瓦左右，最暗时功耗只有50瓦左右。所以调整适合亮度不仅可节电，还可以延长显像管寿命，保护视力，可谓一举三得。开启电视时，音量不要过大，因为每增加1瓦音频功率，就要增加4～5瓦电功耗。

器物清洗与除垢

巧除纱窗油渍 >>>

1. 厨房的纱窗因油烟熏附，不易清洗。可将纱窗卸下，在炉子上（煤气或煤炉）均匀加热，然后将纱窗平放地上冷却后，用扫帚将两面的脏物扫掉，纱窗就洁净如初了。

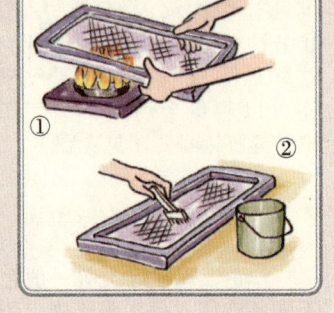

2. 将 100 克面粉加水打成稀面糊，趁热刷在纱窗的两面并抹匀，过 10 分钟后用刷子反复刷几次，再用水冲洗，油腻即除。（见上图）

去除床垫污渍小窍门 >>>

1. 万一茶或咖啡等其他饮料打翻在床，应立刻用毛巾或卫生纸以重压方式用力吸干，再用吹风机吹干。

2. 当床垫不小心沾染污垢时，可用肥皂及清水清洗，切勿使用强酸、强碱性的清洁剂，以免造成床垫的褪色及受损。

家庭洗涤地毯 >>>

用 300 克面粉，精盐和石膏粉各 50 克，用水调和成糊，再加少许白酒，在炉上加温调和，冷却成干状后，撒在地毯脏处，再用毛刷或绒布擦拭，直到干糊成粉状，地毯见净，然后用吸尘器除去粉渣，地毯就干净了。

酒精清洗毛绒沙发 >>>

毛绒布料的沙发可用毛刷蘸少许稀释的酒精扫刷一遍，再用电吹风吹干，如遇上果汁污渍，用 1 茶匙苏打粉与清水调匀，再用布沾上擦抹，污渍便会减退。

巧除电饭锅底焦 >>>

在锅中加一点清水，水刚浸过焦面少许即可，然后插上电源煮几分钟，水沸后待焦饭发泡，停电洗刷便很容易洗干净。

白萝卜擦料理台 >>>

切开的白萝卜搭配清洁剂擦洗厨房台面，将会产生意想不到的清洁效果，也可以用切片的小黄瓜和胡萝卜代替，不过，白萝卜的效果最佳。

塑料餐具的清洗 >>>

塑料餐具只能用布蘸碱、醋或肥皂擦洗，不宜用去污粉，以免磨去表面的光泽。

巧洗煤气灶 >>>

面汤是清洗煤气罐、煤气灶污垢的"良药"，也可以用来擦拭厨房内的污垢。方法是：将面汤涂在污处，多涂两遍，浸5分钟左右，用刷子刷，然后用清水冲洗即可。

瓷砖去污妙招 >>>

1. 白瓷砖有了黄渍，用布蘸盐，每天擦2次，连擦两三天，再用湿布擦几次，即可洁白如初。

2. 厨房灶面瓷砖粘了污物后，抹布往往擦不掉，肥皂水也洗不干净。这时，可用一把鸡毛蘸温水擦拭，一擦就干净，效果颇佳。

巧用鲜梨皮除焦油污 >>>

炒菜锅用久了，会积聚烧焦了的油垢，用碱或洗涤剂亦难以洗刷干净。可用新鲜梨皮放在锅里用水煮，烧焦油垢很易脱落。

巧用废报纸除油污 >>>

容器上的油污，可先用废报纸擦拭，再用碱水刷洗，最后用清水冲净。

食醋除厨房灯泡油污 >>>

厨房里的灯泡，很容易被油熏积垢，影响照明度。用抹布蘸温热醋进行擦拭，可使灯泡透亮如新。

巧除热水瓶水垢 >>>

热水瓶用久了，瓶胆里会产生一层水垢。可往瓶胆中倒点热醋，盖紧盖，轻轻摇晃后放置半个钟头，再用清水洗净，水垢即除。（见右图）

巧法避免热水器水垢 >>>

使用热水器时，最好把温度调节在 50 ～ 60℃ 之间，这样能防止热水器水垢的生成；当水温超过 85℃ 时，水垢的生成会加剧。

巧除水壶水垢 >>>

1. 用铝制水壶烧水时，放一小匙小苏打，烧沸几分钟，水垢即除。

2. 可在水壶内煮上两次鸡蛋，会收到理想的除垢效果。

3. 铝壶或铝锅用一段时间后，会结有薄层水垢。将土豆皮放在里面，加适量水，烧沸，煮 10 分钟左右，即可除去。

巧除电熨斗底部污垢 >>>

将熨斗加热后，在熨斗底部涂以少量白蜡或蜡烛，然后放在粗布或粗手纸上一擦，污垢即可清除。也可将电熨斗通电数分钟后拔下电源插头，用干布或棉花蘸少量松节油或肥皂水用力擦拭，反复几次，污垢即可除去。

巧除地毯口香糖渣 >>>

地毯上一旦附着口香糖渣，切不可用湿抹布擦，更不能用热抹布擦。要用冰块冷却，然后再轻轻刮下来。

盐水洗藤竹器 >>>

藤器或竹制品用久了会积垢，可用食盐水擦洗，既去污，又能使其柔松有韧性。

修补与养护

巧用废塑料修补搪瓷器皿 >>>

对于有漏孔的搪瓷器皿，可先将漏孔处扩成绿豆或黄豆粒大小的孔洞，再从废塑料瓶上剪下长约 2 厘米，粗与漏孔等同的塑料棒（亦可用塑料布卷成棒），然后把它插入漏孔，两面各露出约 1 厘米，最后再用蜡烛或打火机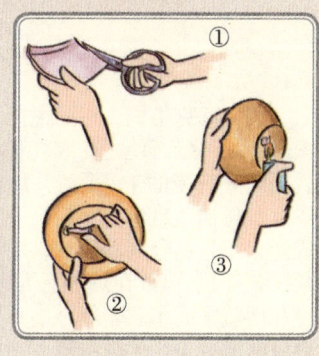烧化塑料棒的两端，使其收缩成"蘑菇顶"，稍等片刻，再用光滑木棍将两边的"蘑菇顶"向中心压一压即可。等塑料完全冷却后，就会把漏孔补得滴水不漏。同时，两边的"蘑菇顶"还有保护漏孔下沿不再受磨损的作用。（见上图）

防止门锁自撞的方法 >>>

生活中常常会发生这样的事情：门被随手带上或被风吹撞上了，而钥匙却在里面。如果将门锁作些小小改动，就可解除后顾之忧。做法是：将锁舌倒角的斜面上用锉刀锉成一个"平台"。这样改制后，门就不能自动关上，外出必须用钥匙才能将门关上。

陶器修补小窍门 >>>

用 100 克牛奶，一面搅拌，一面慢慢地加些醋，使之变成乳腐状，然后用 1 只鸡蛋的 1/2 蛋清，加水调匀掺入，再加适量生石灰粉，一起搅拌成膏，用它黏合陶器碎片，用绳子扎紧，待稍干，再放在炉子上烘烤一会，冷却后就牢固了。若修补面不大，配料可酌情减少。（见右图）

巧法延长日光灯寿命 >>>

日光灯管使用数月后会两端发黑，照明度降低。这时把灯管取下，颠倒一下其两端接触极，日光灯管的寿命就可延长 1 倍，还可提高照明度。同时，应尽量减少日光灯管的开关次数，因为每开关一次，对灯管的影响相当于点亮 3 ~ 6 小时。

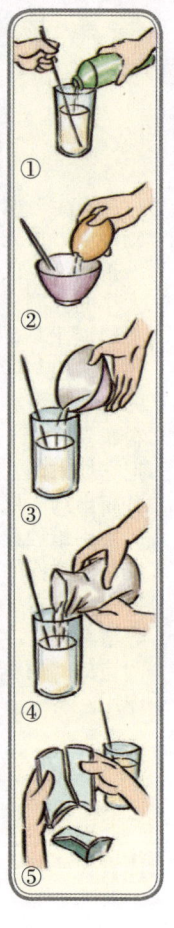

168

延长电视机寿命小窍门 >>>

1.亮度和对比度旋钮不要长期放在最亮和最暗两个极端点，否则会降低显像管使用年限。

2.音量不要开得过大，有条件最好外接扬声器。音量太大，不仅消耗功耗，而且机壳和机内组件受震强烈，时间长了可能发生故障。

3.不宜频繁开关，因为开机瞬间的冲击电流将加速显像管老化；但也不能不关电视机开关，而只关遥控器或者通过拔电源插头来关电视机，这样对电视机也有损害。

4.冬季注意骤冷骤热。比如，要把电视搬到室外，最好罩上布罩放进箱里。搬进室内时，不要马上开箱启罩，应等电视机的温度与室内温度相近时，再取出，以防温度的骤变而使电视机内外蒙上一层水汽，损坏电子组件绝缘。

家具漆面擦伤的处理 >>>

擦伤但未伤及漆膜下的木质，可用软布蘸少许溶化的蜡液，覆盖伤痕。待蜡质变硬后，再涂一层，如此反复涂几次，即可将漆膜伤痕掩盖。

巧除家具表面烫痕 >>>

灼烧而未烧焦膜下的木质，只留下焦痕，可用一小块细纹硬布，包一根筷子头，轻轻擦抹灼烧的痕迹，然后，涂上一层薄蜡液即可。

白色家具变黄的处理 >>>

漂亮而洁白的家具一旦泛黄，便显得难看。如果用牙膏来擦拭，便可改观。但是要注意，操作时不要用力太大，否则，会损伤漆膜而适得其反。

桐木家具碰伤的处理 >>>

桐木家具质地较软，碰撞后易留下凹痕。处理办法，可先用湿毛巾放在凹陷部，再用熨斗加热熨压，即可恢复原状。如果凹陷较深，则须黏合充填物。

巧法修复地毯凹痕 >>>

地毯因家具等的重压，会形成凹痕，可将浸过热水的毛巾拧干，敷在凹痕处7~8分钟，移去毛巾，用吹风机和细毛刷边吹边刷，即可恢复原状。

床垫保养小窍门 >>>

1. 使用时去掉塑料包装袋，以保持环境通风干爽，避免床垫受潮。切勿让床垫曝晒过久，使面料褪色。

2.定期翻转。新床垫在购买使用的第一年，每2～3月正反、左右或头脚翻转一次，使床垫的弹簧受力平均，之后约每半年翻转一次即可。

3.用品质较佳的床单，不只吸汗，还能保持布面干净。

4.定期以吸尘器清理床垫，但不可用水或清洁剂直接洗涤。同时避免洗完澡后或流汗时立即躺卧其上，更不要在床上使用电器或吸烟。

5.不要经常坐在床的边缘，因为床垫的4个角最为脆弱，长期在床的边缘坐卧，易使护边弹簧损坏。不要在床上跳跃。

水湿书的处理 >>>

一本好书不小心被水弄湿了，如果晒干，干后的书会又皱又黄。其实，只要把书抚平，放入冰箱冷冻室内，过两天取出，书既干了又平整。（见右图）

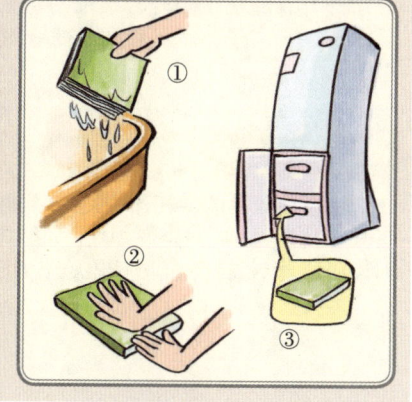

171

巧用牙膏修护表蒙 >>>

手表蒙上如果划出了很多道纹，可在表蒙上滴几滴清水，再挤一点牙膏擦涂，就可将划纹擦净。

巧使手表消磁 >>>

手表受磁，会影响走时准确。消除方法很简单，只要找一个未受磁的铁环，将表放在环中，慢慢穿来穿去，几分钟后，手表就会退磁复原。

巧铺塑料棋盘 >>>

现在的棋盘多为塑料薄膜制成，长期折叠后不易铺开。有的棋子很轻，很难站稳。其实，只要用湿布擦一下桌子，就可将塑料薄膜棋盘平展地贴在桌面上。

煤气灶具漏气检测法 >>>

将通往灶具的煤气开关关死，经过 1 小时左右，只开灶具开关，同时点燃炉灶，如能烧起一股火苗，则说明灶具不漏气，如点不出火，说明灶具有漏气处。

旅游鞋应大一号 >>>

　　日常生活中买鞋都讲究要合脚，而户外活动时穿用的鞋却不能太"合脚"，而是应至少比平时穿的鞋大一号。这是因为长时间的步行会使脚部肿胀，如果买的鞋穿上感觉正好，那么步行一段时间后就会感到有些挤脚了。在选择新鞋（尤其是新的登山靴）时，首先穿好一双薄袜子和厚袜子，再穿鞋子，看看脚趾能不能在鞋内自由活动。如果脚尖碰到鞋尖，就不适合。再者穿鞋子走走看，如果脚跟和鞋跟很容易滑动，就容易擦伤，这样的鞋子也不适合。

旅游常备的 7 种小药 >>>

　　1. 创可贴及伤湿止痛膏。

　　2. 息斯敏或扑尔敏：有过敏体质的人，到新的环境，可能接触到新的过敏原，易引起皮疹、哮喘等病。

　　3. 安定片：初换住处，往往不易入睡，安

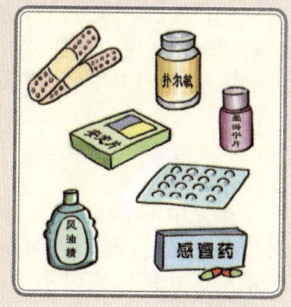

定片能帮旅游者安然入睡。

4.晕海宁片：晕车、晕船、晕机者必备药物。

5.黄连素片：如果患上肠炎，腹泻等病，黄连素可消炎止泻。

6.风油精：旅游免不了蚊叮虫咬，风油精能驱虫止痒。

7.感冒药。（见上页图）

鲜姜防晕车 >>>

爱晕车的人，应随身装块鲜姜，车船行驶途中，将鲜姜片随时放在鼻孔下面闻，使辛辣味吸入鼻中，可以防晕车；或者口含姜片也行。

乘飞机不适的临时处置方法 >>>

如果乘坐飞机出现耳胀、耳痛和听力下降等不适时，尤其飞机下降时，不妨做些吞咽动作，上述感觉会有缓解；还可以捏住鼻子，闭嘴鼓气，增加鼻腔内外的压差，冲开耳咽管，使气体冲入中耳腔，达到平衡。

巧治旅途扭伤 >>>

旅途中不幸扭脚，可冷敷自治。冷水浸湿毛巾，拧干敷在伤处，隔3~4小时敷一次，每次5~8分钟，可消肿、止痛；也可用冷水淋洗伤部。切忌热敷，非但不能消肿止痛，反而会使血管扩张，加速血液流通，进而加剧肿胀及疼痛感。

旅途巧打扮 >>>

　　旅途中虽然比较紧张繁忙，但也可以巧妙地进行打扮，清晨洗脸时先用温水洗去面部的油污，再用冷水洗一次，使面部皮肤增加弹性。洗脸后可涂点香脂或防晒霜，淡淡地涂点口红，少洒一点香水，这种轻妆淡抹，既能保护皮肤，又会增加风采神韵。（见右图）

牙膏治头晕头痛 >>>

　　在旅途中如果出现头晕头痛的现象，可在太阳穴上涂点药物牙膏，牙膏的丁香、薄荷油有镇痛作用。或者涂上一点风油精清凉油，效果都不错。

杧果治晕船呕吐 >>>

　　去南方旅游或去新、马、泰周

①
②
③
④

175

边国家旅游，往往多乘船，此时出现晕船呕吐症状，可就地取材，用杧果来治疗。

清晨巧测一日天气 >>>

清晨太阳未出之前，看东方黑云，如鸡头、龙头、旗帜、山峰、车马、星罗，如鱼、如蛇、如灵芝、如牡丹，或紫黑气贯穿，或在日上下者，当日有雨，多在 13 ~ 17 时。

看月色辨天气 >>>

夜晚，看月亮颜色，或青或红，次日多有雷雨。月亮周围有白云结成圆光，或大如车轮者（月晕），次日必有大风。（见右图）

旅途巧避雷 >>>

在旅游途中遇到强雷电时，不要众人聚堆，要各自找最低处蹲下努力缩小目标，并迅速弃去身上所有金属和导电物体，如手电筒，手机、瑞士刀、开罐器等。

治病窍门

医大病，用小偏方

感冒、头痛 ~

冰糖蛋汤防感冒 >>>

　　下面的方法预防感冒很管用：冰糖放在杯底，加进1只新鲜鸡蛋，然后注入滚烫的开水，用盖子盖好，半分钟后，掀起盖子，以汤匙搅拌，趁热喝下即可。此方还有增强体力、治疗咳嗽的作用。（见下图）

葱姜蒜治感冒初发 >>>

　　感冒初发的时候，身体尚未发汗。而在中医的诊断上，发汗与否非常关键。若已发汗，表明已是里症，而不发汗则表明仍是表症，病毒尚未侵入内脏，此时可用葱姜蒜来治疗：

　　1.温一点大蒜液汁来喝，或是将切碎的大蒜和切碎的姜泡热开水或拌面吃，冒出汗后即愈。

2.葱白6根切片，放入研钵捣碎，老姜30克切片，和豆豉12克一起入锅，加一杯水熬至只剩半杯的浓度，沥出残渣，趁热喝下，多穿衣服或闷在棉被中，使身体出汗即愈。

治风寒感冒家用便方 >>>

葱白15克切碎、老姜15克切片，加茶叶10克，放一杯半的水同入锅，煮好，沥去残渣，将汤汁倒入杯中，趁热服用，并注意不要受风寒。材料中的茶叶，对治疗头痛很有效用，近来的感冒药中，大多含有茶叶的成分。（见上图）

喝陈皮汤治感冒、关节痛 >>>

中年以上的人，得了感冒后，往往会引起关节疼痛，即使感冒已愈，关节痛的症状却不一定会随之消失，有时反而会恶化，甚至连下床走路都会感到十分吃力。用陈皮（干燥的橘子皮）20克，以

200 毫升的水煎至剩 2/3 的量时，趁热服下，该法对关节痛很有效果。因为关节之所以会痛，是由于身体长期过度疲劳所致，而陈皮恰好具有消除体内疲劳的功效。

葱豉黄酒汤治感冒 >>>

取葱 30 克、淡豆豉 15 克、黄酒 50 克，先将豆豉放砂锅内，加水一小碗，煎煮 10 分钟，再把洗净切段的葱（带须）放入，继续煎煮 5 分钟，然后加入黄酒，立即出锅，趁热顿服即可。（见右图）

药粉贴涌泉穴治感冒 >>>

用麝香止痛膏（1 寸见方）2 张，在其中心部位放少许感冒胶丸中药粉，分别贴在两脚的涌泉穴上。贴好后，按摩 2 ~ 3 分钟，一日到数日即可痊愈。

银花山楂饮治感冒 >>>

取银花 30 克、山楂 10 克放入

①

②

③

④

⑤

锅内，加清水适量，用旺火烧沸 3 分钟后，将药汁
滗入盆内，再加清水煎熬 3 分钟，滗出药汁。将两
次药汁一起放入锅内，烧沸后，加蜂蜜 250 克，搅
匀代茶饮。

薄荷粥治风热感冒 >>>

准备薄荷鲜品 30 克或干品
10 克，加水稍煎取汁，去渣后
约留汁 150 毫升。用粳米 30 克
加井水 300 毫升左右，煮成稀
粥。加入薄荷汁 75 毫升，再稍
煮热。加入冰糖少许，调化，
即可食用。每日早晚食用 2 次，
温热食最好。薄荷粥凉性，脾
胃虚寒者少食。（见右图）

葱乳饮治乳儿风寒感冒 >>>

将葱白 5 根洗净剖开，放入杯内，加入母乳 50
毫升，加盖隔水蒸至葱白变黄，去掉葱白，倒入奶瓶
喂服，每天 2～3 次，连服 2～3 天。可疏散乳儿风寒。

热敷治小儿感冒鼻塞 >>>

小儿感冒鼻塞时，可用下法治疗：将毛巾浸入

热水中，取出拧去水，但不要拧得太干，温敷于小儿囟门上，稍凉再换，可使小儿鼻通。敷后，要给小儿戴上帽子或围巾，以免着凉。

苦瓜瓤治小儿风热感冒 >>>

苦瓜50克去子，将瓜瓤煮熟，加白糖适量食之，有疏风清热的功用。有的人可能会以为苦瓜味太苦，瓜瓤煮熟小儿怎么下咽？却不知成熟后的苦瓜，子色红，其瓜瓤甘甜无比，不妨一尝。

酒精棉球塞耳治头痛 >>>

现代人由于学习和工作紧张，容易患紧张性头痛，治疗起来十分简单。方法是：将两个酒精棉球置于两个耳道内，片刻后头脑有凉爽和清醒的舒服感觉，头痛症状会大大缓解或消失。

吃洋葱治头痛、偏头痛 >>>

头痛、偏头痛往往由脑血管硬化引起，应该每天多吃些洋葱，如果坚持下去，头痛病就会在不知不觉中康复。

葱姜萝卜治咳嗽 >>>

老姜 10 克切片，葱白 6 根剁碎，两者和切成 5 厘米宽度的萝卜片适量，放入锅中，与两杯水同煮，熬至只剩一杯水时即可，此法对咳嗽及喉咙生痰最有效，尤其是萝卜具有良好的镇咳作用。

鱼腥草拌莴笋治咳嗽 >>>

买鲜鱼腥草 100 克、莴笋 500 克，另准备生姜 6 克，葱、蒜、酱油、醋、味精、香油各适量。鱼腥草洗净，用沸水略焯后捞出。鲜莴笋去皮切丝，用盐腌渍沥水待用。姜、葱、蒜切末。上述数味放入盘内，加入酱油、味精、香油、醋拌匀后食用，能有效止咳。（见下图）

枇杷叶治咳嗽 >>>

取鲜枇杷叶 5 片，去掉背面绒毛切成小段，用 10 克红糖炒热后加入清水 1500 毫升，再将 10 片紫苏叶、15 片薄荷叶加进去，煮沸后饮用，每次 1 碗，一天至少喝 4 碗，两天后咳嗽可止。

松子胡桃仁治干咳 >>>

购去皮散松子和胡桃仁各 500 克，蜂蜜 1 瓶。每次用松子 25 克、核桃仁 50 克，二者混合，用铜钵将其磨为泥状（也可用菜刀先将其剁碎，再用不锈钢勺将其磨为泥状），然后加入蜂蜜调成膏状即可食用，食后可喝温开水润喉，适用于咽痒咳嗽不止又咳不出痰者。

陈皮萝卜治咳嗽 >>>

取陈皮 10 克、白萝卜半个，加入一碗半的水后放进小锅内熬，熬至能盛一碗为止。再加进红糖适量，分成 3 份，每日吃 3 次，每次 1 份。连吃 3 天，咳嗽可好。（见右图）

柿子治咳嗽 >>>

咳嗽会耗费体力，喝柿子汤会帮助身体恢复健康。方法是：柿子3个加一杯水煮，煮好后加入少许蜂蜜，再煮一次，煮好后趁热服用。同时，也可用柿子蒂、冰糖各15克、梅仁10克及两杯水，放入锅中熬至一杯水的浓度，取出分2次食用，每天1剂。（见右图）

梨杏饮治肺热咳嗽 >>>

治疗肺热咳嗽、咽痛喉哑，可先将雪梨1个去核切成块，加水适量，与杏仁10克（去皮尖）同煮，待梨熟时加入适量冰糖即成。每日1～2剂，不拘时饮汤食渣。该方简便易得，味美可口，能清热润燥，化痰止咳。

炖香蕉能止咳 >>>

日久不愈的咳嗽，备香蕉2只、冰糖30克。将香蕉剥皮，切成1厘米见方的小块，冰糖捣碎，加入半碗冷开水，入锅用水炖约10分钟，

冰糖溶化冷后，即可食用。经过这样处理过的香蕉非常难吃，舌头会发麻，但若每晚服用 1 次，只需一星期咳嗽即可痊愈。

百合杏仁粥治干咳 >>>

　　鲜百合（干品亦可）60 克、杏仁（去皮尖）10 克，大米 60 克，白糖适量。先将大米加水适量煮数沸，再入百合、杏仁同煮，粥成后加入白糖即得。可作正餐食之，每日 1 剂。本方能润肺止咳，用于肺燥干咳者效果尤好。（见右图）

哮喘发作期治疗方 >>>

　　冬瓜子 15 克，白果仁 12 克，麻黄 2 克，白糖或蜂蜜适量。麻黄、冬瓜子用纱布包，与去壳白果同煮，沸后文火煮 30 分钟，加白糖或蜂蜜，连汤服食。本方具有清肺平喘之功效，适用于哮喘发作期。

治哮喘家常粥 >>>

　　芡实 100 克，核桃肉 20 克，红枣 20 颗。将芡实、核桃肉打碎，红枣泡后去核，同入砂锅内，加水 500 毫升煮 20 分钟成粥。每日早晚服食。本方补肾纳气，敛肺止喘，主治肺肾两虚型哮喘。

仙人掌治哮喘 >>>

　　仙人掌适量，去刺及皮后，上锅蒸熟，加白糖适量后服用，对哮喘病疗效甚佳。如一时不能根治，可多服几次。

小冬瓜治小儿哮喘 >>>

　　小冬瓜（未脱花蒂的）1 个，冰糖适量。将冬瓜洗净，刷去毛刺，切去冬瓜的上端当盖，挖出瓜瓤不用。在瓜中填入适量冰糖，盖上瓜盖，放锅内蒸。取瓜内糖水饮服，每日 2 次。本方利水平喘，可辅治小儿哮喘症。

南瓜汁治支气管炎 >>>

　　秋季南瓜败蓬，即不再生南瓜时，离根 2 尺剪断，把南瓜蓬茎插入干净的玻璃瓶中，任茎中汁液流入瓶内，从傍晚到第二天早晨可收取自然汁一大瓶，隔水蒸过，每服 30 ~ 50 毫升，每日 2 次。此方治疗慢性支气管炎有良效。

腹泻、消化不良 🌀

平胃散鼻嗅法治腹泻 >>>

　　买平胃散2包，用布包起，放在枕边嗅其气，每次30～50分钟，也可用布包好平胃散1包放脐上用热水袋熨之，每次30～50分钟，一般听到肠鸣，患者觉肚中发热再熨15～20分钟。每日2～3次。主治寒湿、虚寒泄泻。

生熟麦水治急性肠炎腹泻 >>>

　　得了急性肠炎，会有腹痛腹泻等症状，可将小麦300克放入铁锅中摊匀不翻动，用文火烫小麦至下半部分变黑色，加水800毫升煎沸，再将红糖50克放入碗内，把煎沸之生熟麦水倒入碗内搅匀，温服1剂，即可消腹痛，止腹泻。（见下图）

醋拌浓茶治腹泻 >>>

泡浓茶 1 杯，将茶叶沥出，加入少许醋调拌，即可饮用。古代就流传以茶止泻的说法，近来更发现茶有收敛肠、胃的功能，可以治疗肠、胃的发炎。醋本身是酸性的，酸能收敛肠、胃的肠滑泻痢，所以醋是很好的止泻剂。

大蒜治腹泻 >>>

1. 取大蒜 10 个洗净，捣烂如泥，和米醋 250 毫升，徐徐咽下，每次约 5 瓣，每日 3 次。本方有消炎止泻之功效，主治急性胃肠炎之腹泻，水样便。

2. 大蒜 2 个放火上烤，烤至表皮变黑时取下，放入适量的水煮，患者食其汁液即可。

焦锅粑可治腹泻 >>>

服下烧至焦黑的锅粑一碗，肚子会有适感，再服一次，可治腹泻，这是多年传下的古方。如果将已蒸熟的馒头放在炭火上烤焦变黑，将烤焦的部分全吃掉，其效果是相同的。

青梅治腹泻 >>>

1. 夏日痧气引起腹痛、呕吐、泻痢时，饮用适量青梅酒或吃酒浸的青梅一个，即可止呕、止痛、止泻。此法对食物中毒性的胃肠病同样有效。青梅酒的制法是以未熟的青梅若干，放置瓶中，用高粱酒浸泡，以浸没青梅高出 3 ~ 6 厘米为度，密封一个月后即可饮用。此酒越陈越好。青梅酒还可代替十滴水，作为外用药水。

2.4 月中旬采下青梅 1.5 ~ 2 千克，洗净去核，捣烂榨汁，贮于陶瓷锅中，置炭火上蒸发水分，使之浓缩如饴糖状，待冷却凝成胶状时装瓶。每日 3 ~ 5 克，溶于温水中，加白糖调味。饭前饮服，每日 3 次。小儿酌减。本方收敛止泻，适用于急性胃肠炎的辅助治疗。（见上图）

海棠花栗子粥治腹泻 >>>

取秋海棠花 50 克，去梗柄，洗净；栗子肉 100 克去内皮洗净，切成碎米粒；粳米 150 克洗净；冰糖 70 克打碎；粳米、栗子碎粒放入锅内，加入清水适量，用旺火烧沸，转用慢火煮至米熟烂。加入冰糖、秋海棠花，再用小火熬煮片刻，即可食用。每日服食 1～2 次。本方健脾养胃、活血止血，适用于泄泻乏力、吐血、便血等症。

白醋治腹泻 >>>

胃酸太少、消化不良引起腹泻的患者，以白醋调冷开水各半服下，如无不良反应，第 2 天可再饮 1 次，最严重的腹泻，只要服 3 次即会恢复正常，但对胃酸过多患者则不适用。

酱油煮茶叶治消化不良 >>>

消化不良引起腹痛泄泻时，可先取茶叶 9 克，加水 1 杯煮开，然后加酱油 30 毫升，再次煮开，口服，1 日 3 次，有消积止泻之功。（见右图）

生姜治消化不良 >>>

1. 取适量米酒加热，注入生姜汁 10 毫升服用。主治消化不良引起的厌食恶心。

2. 干姜 60 克、饴糖适量共研细末，每次服 4.5 克，温开水送服。主

① ② ③ ④ ⑤

治酒食停滞。

3. 干姜、吴茱萸各 30 克共研细末，每次 6 克，温开水送下。主治伤食吐酸水。

蜜橘干治消化不良 >>>

取蜜橘 1 只挖孔，塞入绿茶 10 克，晒干。成人每次 1 只，小儿酌减。吃这种蜜橘，治疗消化不良有效。

双手运动促进消化 >>>

平坐或盘坐，以一手插腰，一手向上托起，移至双眉时翻手，掌心向上，托过头顶，伸直手臂。同时，两目向上注视手背，先左后右，两手交替进行各 5 次。此法能调理脾胃，帮助消化。

吃萝卜缓解胃酸过多 >>>

年糕属于酸性食品，吃太多会导致胃酸过多，胃口会难受两三天。此时将萝卜连皮一起擦，擦好后，连萝卜带汁吃下。在擦萝卜泥时，不可太快速，慢慢地擦，才会减轻辣味，否则辣味太重，对胃肠不利。不宜放入醋或酱酒，这样虽能减少辣味，但消化力也会相对减低。

胃痛、呃逆（打嗝） 〰️

生姜治胃寒痛 >>>

　　1. 买上好的老姜，用小火（电炉或炭火较好，勿用煤气炉）烤干，切成细块，每天早晨空腹拌饭吃，怕辣的人，可用香油炸至有点焦黄（不能太焦，否则味苦又无效），和饭一起炒一下，趁热吃，一般需要连用两个月才有效果。

　　2. 取老生姜500克（越肥大越好）不用水洗，放入灶心去煨，用烧过的木炭，或木柴之红火炭埋住，次晨将姜取出，姜已煨熟，刮除外面焦皮，也不必水洗，再把姜切成薄片，如姜中心未熟透，把生的部分去掉，然后拿60克的冰糖研碎成粉，与姜片混合，盛于干净的瓶中，加盖盖好。约过一周，冰糖溶化而被姜吸收，取姜嚼食，吞入胃中，每日2 ~ 4次。

巧用荔枝治胃痛 >>>

　　荔枝也可治胃寒，食荔枝干少许，可治胃寒引起的疼痛，因它有暖胃之功，但不能多吃，只要感到胃部恢复正常，就可停食。荔枝性热，如食用太多，会使人发热烦渴，甚至牙龈发肿、鼻孔流血。如果吃太多，引起头昏、胃不舒服时，可用荔枝的外壳煮汤，饮用后，即可消除这种情形。对于妇女经期腹部寒冷，隐隐作痛时，可吃荔枝干 5～6 个，便能渐渐回暖，如痛势严重，用荔脯 10 枚、生姜 1 片、红糖少许，煮成糖水喝，也能止痛。

青木瓜汁治胃痛 >>>

青木瓜汁是公认的治胃痛良药。将长到拳头大的青木瓜用水洗净，然后割下切开，取出子，放进榨汁机，用细布过滤其渣，一碗可分 3 次喝，虽然难喝，但已有多人试过，有胃病者，不妨一试。（见右图）

归参敷贴方治胃痛、胃溃疡 >>>

胃痛老犯时，可用当归 30 克、丹参 20 克、乳香 15 克、没药 15 克，另备姜汁适量。将上药前 4 味粉碎为末后，加姜汁调成糊状。取药糊分别涂敷于上脘、中脘、足三里穴，每日 3～5 次。

蒸猪肚治胃溃疡 >>>

猪肚 1 个洗净，老姜切成硬币厚的宽度 5 片，放入猪肚中，入蒸锅中蒸烂，连汤吃下，可分 2 次食用。猪肚能健胃，《本草纲目》上说它能补虚损，作治胃之用。（见下图）

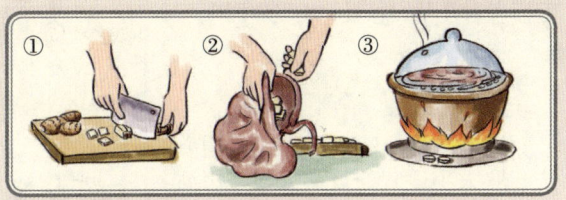

巧治打嗝 >>>

人们由于吃饭受凉，或者吃得太快，使膈肌痉挛，造成打嗝的现象，十分难受。制止打嗝的方法非常简单，即分别用自己的左右手指指甲，用力掐住中指顶部，过 1~2 分钟以后，即可达到制止打嗝的目的了。此外，也可用指甲掐"内关穴"，此穴位于手腕内侧 6~7 厘米处，即第一横纹下约 2 横指的距离，也可有效制止打嗝。

雄黄高粱酒治打嗝 >>>

大病之后元气亏虚、呃逆不止时，可将雄黄 2

克研粉，与高粱酒 12 克调匀，放在水杯内。备一大碗（砂锅亦可）盛水，碗下加温，把盛药水杯放入大碗内隔水炖煮，以鼻闻之，会有一股热力由鼻孔钻入直冲顶门，经后脑直下项背，再由背至尾闾。5 分钟即可止呃。阴亏血虚者及孕妇忌服。（见右图）

拔罐法治打嗝 >>>

拔罐是治疗呃逆不止的常用方法。取大小适宜的玻璃火罐，用酒精棉球点燃后投入罐内，不等烧完即迅速将罐倒扣在膻中穴上，罐即吸着皮肤。留罐 20 ~ 30 分钟。中途火罐如有松动脱落，要重新吸拔。

姜汁蜂蜜治打嗝 >>>

因胃中寒冷导致的呃逆，可取生姜汁 60 克，白蜂蜜 30 克调匀，加温服下，一般 1 次即止，不愈再服 1 次。

① ② ③ ④ ⑤

按摩耳部治失眠 >>>

晚上失眠时，索性起来靠在床上，用双手搓两耳的内外和耳垂，一会儿就打哈欠，有睡意了，但不要就此停手，要继续搓十几分钟，等睡意浓时再睡下去，会睡得很香。

阿胶鸡蛋汤治失眠 >>>

先将米酒 500 毫升用小火煮沸，入阿胶 40 克，溶化后再下 4 只蛋黄及盐，搅匀，再煮数沸，待凉入净容器内。每日早晚各 1 次，每次随量饮服，治失眠有良效。

五味子蜜丸治失眠 >>>

习惯性失眠的人，可用五味子 250 克，水煎去渣浓缩，加蜂蜜适量做丸，贮入瓶中。每服 20 毫升，每日 2 ~ 3 次。

猪心治失眠 >>>

患有失眠症的人，可试用的食疗法：猪心 1 个，

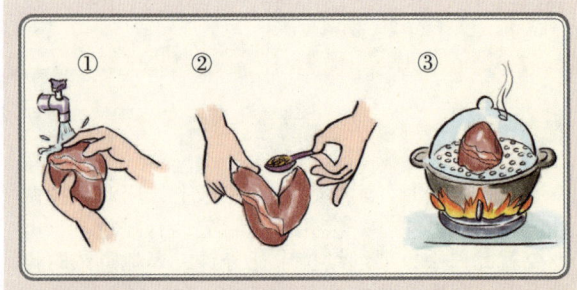

用清水洗净血污，再把洗净的柏子仁 10 克放入猪心内，放入瓷碗中，加少量水，上锅隔水蒸至肉熟。加食盐调味，日分 2 次吃完。本方安神养心，有助于恢复正常的睡眠。（见上图）

醋蛋液治失眠 >>>

患有多年失眠症的人，可将一只红皮鸡蛋洗净，用酸度 8°～10° 的米醋 150～180 毫升泡在广口瓶里，置于 20～25℃处。48 小时后搅碎鸡蛋，再泡 36 小时即可饮服。

酸枣仁熬粥治失眠 >>>

经常失眠、心情烦躁的人，可用酸枣仁 15 克与大米 50 克共熬成粥，每晚于临睡前食下。这种粥有养心安神、健脑镇静的作用，对失眠有一定疗效。

红枣葱白汤治失眠 >>>

先将红枣 20 颗用一大碗清水煮 20 分钟，加 3 根大葱白，再煮 10 分钟，凉凉后吃枣喝汤，每晚睡觉前 1 小时吃，催眠效果很好。红枣也可用黑枣代替。（见右图）

摩擦脚心治失眠 >>>

晚上躺在床上失眠时，可将一只脚的脚心放在另一只脚的大拇趾上，做来回摩擦的动作，直到脚心发热，再换另一只脚。这样交替进行，大脑注意力就集中在脚部，时间久了，就有了睡意。

红果核大枣治失眠 >>>

适量红果核(中药店有售)，洗净晾干，捣成碎末。每剂 40 克，加撕碎的大枣 7 个，放少许白糖，加水 400 毫升，用砂锅温火煎 20 分钟，倒出的汤汁可分 3 份服用。每晚睡觉前半小时温服，可治失眠。

柿叶楂核汤治失眠 >>>

在经常失眠的人中，青少年学生为数不少，有的甚至每晚需服安眠药才能入睡，但久服安眠药对智力发育不利。因此，建议使用下方：备柿叶、山楂核各30克，先将柿叶切成条状，晒干；再将山楂核炒焦，捣裂。每晚1剂，水煎服。7天为1疗程。一般1疗程即可见效。（见右图）

小麦治盗汗 >>>

1. 将浮小麦用大小火炒为末，每服7.5克，米汤送服，1日3服，也可煎汤代茶。治虚汗、盗汗有效。

2. 小麦1撮、白术25克共煮干，去小麦研末，每服3克，以黄芪汤送服，此方可治愈老少虚汗。

3. 对于热病的虚汗，用黑豆10克、浮小麦10克水煎服，也有良效。

牡蛎蚬肉汤治阴虚盗汗 >>>

用干牡蛎60克、蚬肉60克、韭菜根30克全部入锅，加水煮，熟

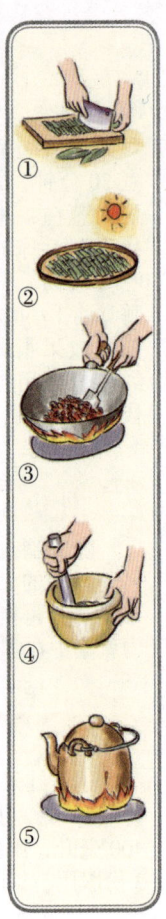

①
②
③
④
⑤

后食用。盗汗的原因是阴虚，即身体阴气不足的结果。无论是生牡蛎还是干牡蛎，均有"滋阴"作用。蚬能增强牡蛎的作用，也是有名的治疗药，韭菜根则能帮助体力的恢复。

胡萝卜百合汤治盗汗 >>>

胡萝卜 100 克，百合 10 克，红枣 2 颗。将胡萝卜洗净切块，与红枣、百合共放砂锅中水煮，熟后，饮汤食胡萝卜、百合、红枣。主治乏力盗汗病症，也适用于久咳痰少、咽干口燥的调治。（见右图）

①

②

羊脂治盗汗 >>>

老是汗出不止的人，可买羊脂（或牛脂）适量，再准备一些黄酒，将羊脂用温酒化服，经常饮用，必有效果。

紫米、麸皮治盗汗 >>>

紫米 10 克，小麦麸皮 10 克，共炒后研成细末，用米汤冲服。或用熟猪肉蘸食，每日 1 次，连服 3 次。可治盗汗、虚汗不止。

玉米须茶治急性肾炎 >>>

　　取玉米须 30 ~ 60 克、松萝茶（其他绿茶亦可）
5 克，同置杯中以沸水浸泡 15 分钟，即可饮用，或
加水煎沸 10 分钟也可。每日 1 剂，分 2 次饮服。

蚕豆糖浆治慢性肾炎 >>>

　　治慢性肾炎，可用带壳陈蚕豆（数年者最好）
120 克，红糖 90 克，同放砂锅中，加清水 5 茶杯，
以文火熬至 1 茶杯，分数次服用。一般在早上空腹
时服用，分 5 天饮完。

贴脚心治急性肾炎 >>>

　　治疗急性肾炎，可取大蒜 2 ~ 3 头，蓖麻子 70 粒，

合捣成末，敷于脚心，以纱布固定，每 12 小时换药 1 次，连用 1 周可见效。（见上页图）

巧用蝼蛄治肾盂肾炎 >>>

捉蝼蛄 2 ~ 3 只，用黄土泥封，微火烧煅，去黄土泥，研末冲酒服。或取蝼蛄 7 只，瓦上焙干研末，黄酒冲服。对肾盂肾炎均有较好疗效。（见右图）

白瓜子辅治前列腺肥大 >>>

前列腺肥大症患者，会有尿频、排尿困难等现象，除常规治疗外，还可常吃些白瓜子（即南瓜子）用来辅助治疗。

猕猴桃汁治前列腺炎 >>>

买新鲜猕猴桃 50 克，将猕猴桃捣烂加温开水 250 毫升，调匀后饮服，能治前列腺炎和小便涩痛。

马齿苋治前列腺炎 >>>

　　治疗前列腺炎，可选新鲜马齿苋 500 克左右，洗净、捣烂，用纱布分批包好，挤出汁来，加上少许白糖和白开水一起喝。每天早、晚空腹喝 2 次，坚持一段时间就有效果。（见右图）

田螺治小便不通 >>>

　　将田螺连壳捣烂，拌食盐涂于肚脐上；或摊在纸上，将纸贴于脚心，立即可以通尿。注意尿通后立即除去脚底的纸，否则直尿不止。

栗子煮粥治尿频 >>>

　　用栗子、大米煮粥，佐以生姜、红糖、红枣食用，能治尿频、脾胃虚弱等症。

丝瓜水治尿频 >>>

　　出现尿频或尿痛时，可用嫩丝瓜放砂锅中水煮，煮熟后加白糖。

①
②
③
④
⑤

将丝瓜和水一同服下，连续服用1周，病症就可减轻直至消失。若症状较重，可多服几日。（见右图）

鲜蒿子治急性膀胱炎 >>>

急性膀胱炎发病急，疼痛难忍，治疗后又多易复发。现介绍一简便易行的方法，即取新鲜蒿子（杂草丛生处有）洗净，煮水，然后坐盆熏洗，能很快控制病情，数次后即可治愈。

薏仁治肾结石 >>>

1. 薏仁60克洗净，装入纱布袋内，扎紧口，放入装满500毫升白酒的罐中。盖好盖，浸泡7天即成，可根据自己的酒量饮用。本方有利于肾结石的排出，但兼有肝病者不宜。

2. 取薏仁茎、叶、根适量（鲜草约250克，干草减半），水煎去渣，1日2～3次分服，对肾结石颇有疗效。

高血压、高脂血、贫血

洋葱治高血压 >>>

    1.洋葱半个切成块，加适量水放榨汁机里榨汁，1次服下，经常服用，可治高血压，保护心脏。

    2.将洋葱50克捣烂，在100毫升葡萄酒中浸泡1天，饮酒食洋葱。每天分成3～4次服用。治疗高血压。

花生壳治高血压 >>>

    将平日吃花生时所剩下的花生壳洗净，放入茶杯一半，把烧开的水倒满茶杯饮用，既可降血压又可调整血中胆固醇含量，对高血压患者有效。（见下图）

银耳羹治高血压、眼底出血 >>>

干银耳 5 克用清水浸泡一夜，于饭锅上蒸 1 ~ 2 小时，加入适量的冰糖，于睡前服下。主治高血压引起的眼底出血。

明矾枕头降血压 >>>

取明矾 3 ~ 3.5 千克，捣碎成花生米大小的块粒，装进枕芯中，常用此当枕头，可降低血压。（见下图）

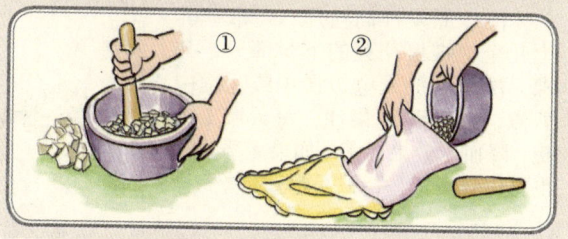

巧用食醋降血压 >>>

1. 醋大半瓶，黄豆适量。黄豆炒熟，装入瓶中占 1/3，倒入醋，盖上盖子，1 周即成。每日 1 匙，腹泻减量。

2. 冰糖 500 克，放入醋 100 毫升溶化，每次 10 毫升，每日 3 次，饭后服。需要注意，患有溃疡病、胃酸过多者不宜用本方。

小苏打洗脚治高血压 >>>

治疗高血压，可以采用小苏打洗脚的方式。先把水烧开，放入两三勺小苏打，等水温能放下脚时开始洗，每次 20 ~ 30 分钟即可，长期坚持必可奏效。

荸荠芹菜汁降血压 >>>

治疗原发性高血压，可取荸荠十几个，带根芹菜的下半部分十几棵，洗净后放入电饭煲中或瓦罐中煎煮，取荸荠芹菜汁，每天服 1 小碗，降血压效果显著。如果无荸荠，也可用红枣代替，只是疗效略差。

海带拌芹菜治高血压 >>>

海带 50 克，鲜芹菜 30 克，香油、醋、盐、味精适量。鲜芹菜洗净切段，海带洗净切丝，然后分别在沸水中焯一下捞起，放在一起倒上调料拌和食用。常服能防治早期高血压。脾胃虚寒者慎食。（见右图）

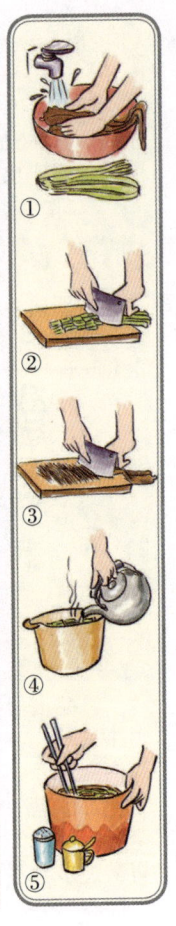

①
②
③
④
⑤

山楂柿叶茶降血脂 >>>

山楂 15 克，柿叶 10 克，茶叶 3 克。以沸水浸泡 15 分钟即可。每日 1 剂，不拘时，频频饮服。如没有柿叶，也可用荷叶代替。（见右图）

红枣熬粥治贫血 >>>

红枣 15 颗洗净，与大米 50 克同置锅内，加水 400 毫升，煮至大米开花，表面有粥油即成。每日早晚温热服。适用于贫血、营养不良等症。患有实热症者忌食。

龙眼小米粥治贫血 >>>

龙眼肉 30 克，小米 50 ～ 100 克，红糖适量。将小米与龙眼肉同煮成粥。待粥熟，调入红糖。空腹食，每日 2 次。这道粥品有补血养心、安神益智之功效，对贫血患者极为有益。

高脂血症患者宜常吃猕猴桃 >>>

每天取鲜猕猴桃 2 ～ 3 个，将鲜猕猴桃洗净剥皮，榨汁饮用；也可洗净剥皮后直接食用。每日 1 次，常服有效。本方主治高脂血症，并有防癌作用。

糖尿病 🌊

洋葱治糖尿病 >>>

1. 洋葱 150 克切成片，按常法煮汤，加少许盐食用，每日 1 剂，宜常服。

2. 洋葱 500 克洗净，切成 2 ~ 6 瓣，放泡菜坛内淹浸 2 ~ 4 日（夏季 1 ~ 2 日），待其味酸甜而略带辛辣时，佐餐食用。

3. 将拳头大的洋葱 1 个平分成 8 份，浸入 500 ~ 750 毫升红葡萄酒中，8 天后饮用。每餐前空腹吃洋葱 1 份，喝酒 60 ~ 100 克。可长期服用。（见下图）

银耳菠菜汤治糖尿病 >>>

水发银耳 50 克，菠菜（留根）30 克，味精、盐少许。将菠菜洗净，银耳泡发煮烂，放入菠菜、盐、味精煮成汤。适用于脾胃阴虚为主的糖尿病。

鲫鱼治糖尿病 >>>

1. 活鲫鱼 500 克，绿茶 10 克。将鱼去内脏洗净，再把绿茶塞入鱼腹内，置盘中上锅清蒸，不加盐。每日 1 次。

2. 鲫鱼胆 3 个，干生姜末 50 克。把姜末放入碗中，刺破鱼胆，将胆汁与姜末调匀，做成如梧桐子大小的药丸。每次服 5 ~ 6 丸，每日 1 次，米饭送下。

糖尿病患者宜常吃苦瓜 >>>

鲜苦瓜 60 克。将苦瓜剖开去子，洗净切丝，加油盐炒，当菜吃，每日 2 次，可经常食用。这道菜有清热生津的作用，主治口干烦渴、小便频数之糖尿病。（见右图）

芡实老鸭汤辅治糖尿病 >>>

取老鸭 1 只，芡实 100 ~ 200 克。将老鸭去毛和肠脏，洗净，将芡实放入鸭腹中，置瓦锅内，加清水适量，文火煮 2 小时左右，加食盐少许，调味服食。本汤对糖尿病有辅助疗效。

① ② ③ ④ ⑤

便秘、痔疮、肛周疾病 🌀

治习惯性便秘一方 >>>

　　草决明 100 克，微火炒一下，注意别炒糊。每日取 5 克，放入杯内用开水冲泡，加适量白糖，泡开后饮用，喝完可再续冲 2 ～ 3 杯，连服 7 ～ 10 天即可治愈习惯性便秘。注意：因草决明有降压明目作用，血压低的人不宜饮用。（见下图）

按摩腹部通便 >>>

　　1. 用按摩腹部方法可解除或缓解便秘症状。方法是：用右手从心窝顺摩而下，摩至脐下，上下反复按摩 40 ～ 50 次，按摩时要闭目养神，放松肌肉，切忌过于用力，如按摩时腹中作响，且有温热感，说明已发生良好作用。另在按摩时，适量喝一点优质蜂蜜水更好。

2. 在步行时捶打腹部，以不痛为限度，以 30 分钟大约捶打 1000 次为宜，每日 1 次。

3. 大便之时，将双手交叉压于肚脐部，顺时针方向揉，然后逆时针揉，交替进行；或做腹部一松一缩的动作亦可。

四季治便秘良方 >>>

治疗便秘，可采用冬吃白萝卜、夏喝蜜的方法，效果极佳。方法是：每年冬春季节，把萝卜洗净切成小块，用清水煮，每天食用 250 ~ 500 克，分早晚两次吃。夏秋季节，每晚睡前将 1 汤匙蜂蜜加入 1 小杯开水中饮用，同样可收到良效。

冬瓜瓤治便秘 >>>

取冬瓜瓤 500 克，水煎汁 300 毫升，一日内分数次服下，有润肠通便之功。

生土豆汁治便秘 >>>

取当年生新鲜土豆 1 个，擦丝，用干净白纱布包住挤出汁，加凉开水及蜂蜜少许，兑成半玻璃杯左右，清晨空腹饮用，对治疗习惯性、老年性便秘有显著疗效。

菠菜面条治便秘 >>>

取菠菜择洗干净，放在清水中煮烂，做成菠菜汁，晾温后，倒入面粉中和好制成面团，再擀成薄片叠起来切成条，煮熟后即可捞出，浇上自己喜爱的卤汁食用。经常食用可防治便秘。（见右图）

治老年习惯性便秘一方 >>>

生附子15克，苦丁茶、炮川乌、白芷各9克，胡椒3克，大蒜10克，共捣碎炒烫，装入布袋，置神阙（肚脐），上加热水袋保持温度，每日2次，治老年习惯性便秘。

番泻叶治便秘 >>>

番泻叶20 ~ 30克水煎服，每日1剂代茶饮可治便秘。老年、体弱、产后不宜服。

蒲公英汤治小儿热性便秘 >>>

小儿热性便秘，可取蒲公英

① ② ③ ④ ⑤

60 ~ 90 克，加适量水煎至 50 ~ 100 毫升，每日 1 剂，1 次服完，年龄小服药困难者可分次服。每当犯病，服 1 ~ 2 剂即可。

花椒治痔疮 >>>

花椒 1 把装入小布袋中，扎口，用开水沏于盆中，患者先是用热气熏洗患处，待水温降到不烫，再行坐浴。全过程约 20 分钟，每天早晚各 1 次。（见右图）

枸杞根枝治痔疮 >>>

取枸杞根枝适量，将上面的泥洗净，将根枝断成小节（鲜干根枝都可以），放入砂锅煮 20 分钟即可。先熏患处，等水温能洗时泡洗 5 ~ 10 分钟。用过的水可留下次加热再用。一般连洗 1 周即愈。

痔疮坐浴疗法 >>>

1. 艾叶 50 克（鲜品 250 克），以 1 升的水煎至半量，加入热水中，实行坐浴，就是腰部以下浸入热水中的沐浴法，浸到上半身冒汗的程度即可。

2. 干萝卜叶 2 ~ 3 株，用 2 升的水煎至半量后加入浴水中，实行坐浴。

3. 洗澡时，先用棉花浸入热开水，拿出在肛门周围慢慢轻贴，待热气渐入肤内，肛门肌肉可以耐热，便慢慢浸入，一泡半小时，待水温度全散，才可起来。

以上 3 种坐浴法，都可促进患部血液循环，一般连续治疗 10 多天，可完全治好。但要注意的是，坐浴时，上半身要披上毛巾或穿上浴衣，以防热气丧失。

蜂蜜香蕉治痔疮 >>>

痔疮便血患者可于每日清晨，空腹吃下抹上蜂蜜的香蕉 2 ~ 3 根，香蕉愈熟愈好，蜂蜜则愈纯愈佳，重症患者服用 40 ~ 50 日，轻症患者服用 30 日，一般就可见效。

姜水洗肛门治外痔 >>>

治疗痔疮，可取适量鲜姜或老姜，切成 1 毫米左右的薄片，放在容器内加水烧开，待水不烫手时洗痛处，泡洗最佳。每次洗 3 ~ 5 分钟即可，每日洗 3 ~ 5 次。

治肛裂一方 >>>

用椿根白皮，每次 30 克，煎 2 次，每晚服 1 次，药煎好后放 30 克红糖，拌匀冲服。如果肛裂严重，可买几根猪或羊带肛门部位的大肠头，10 厘米左右长，放锅内和药一起煎（每次用 1 个大肠头），剩多半碗药即可。如此数次即愈。

田螺敷贴治脱肛 >>>

患了脱肛，可取田螺数只用米酒适量拌匀，以芭蕉叶包住，埋于热火灰下，待热，敷肚脐、背部、尾骨。最好是在睡前使用。（见右图）

①　②

五倍子治脱肛 >>>

脱肛患者往往面色萎黄，口唇淡白而干燥起皮，渴欲饮水而饮则不多，舌尖略红、苔根淡黄微腻。此时，取五倍子适量，研末，直接外敷在脱出的肛门黏膜上，然后再行回纳，一般即告成功。此方治疗脱肛，确有良效。

各种外伤

巧止鼻血 >>>

    1. 鼻子流血时，自己双手的中指互勾，一般一会儿就能止血。幼儿不会中指互勾，大人用中指勾住幼儿的左右中指，同样可止血。

    2. 出鼻血者在颈后、鼻翼两侧冰敷，可止血。

巧用白糖止血 >>>

    身上有伤口流血时，可立即在伤口上撒些白糖，因为白糖能减少伤口局部的水分，抑制细菌的繁殖，有助于伤口收敛愈合。

赤小豆治血肿及扭伤 >>>

    摔伤碰伤引起血肿，尚未破溃时，可用适量赤小豆磨成粉，凉水调成糊，于当日涂敷受伤部位，厚约 0.5 厘米，外用纱布包扎，24 小时后解除，涂数次即可见效，此外本方还可治疗小关节扭伤。

香油治磕碰伤 >>>

    当摔倒或因其他原因，身体某部位被磕碰时，马上用小磨香油涂抹患处，并轻轻揉一揉，如此处理过后，患处既不会起肿块，也不会出现青斑。

蜂蜜可治外伤 >>>

皮肤肌肉发生小面积的外伤，可用蜂蜜医治。具体用法：取市售蜂蜜，以棉棒蘸取适量直接涂于伤口上，稍大面积的伤口，涂抹后用无菌纱布包扎，每日涂 2 ~ 3 次，一般伤口 3 ~ 5 天即愈。另外，用蜂蜜外涂，还可以治疗因感冒发烧引起的口角单纯疱疹、水火烫伤等。据《本草纲目》载：蜂蜜有清热、补中、解毒、润燥、止肌肉、疮疖之痛等功效。

土豆治打针引起的臀部肿块 >>>

有的小孩打完针，臀部容易起肿块，这时可将新鲜土豆切开，从中削取 0.5 ~ 1 厘米厚的一片，

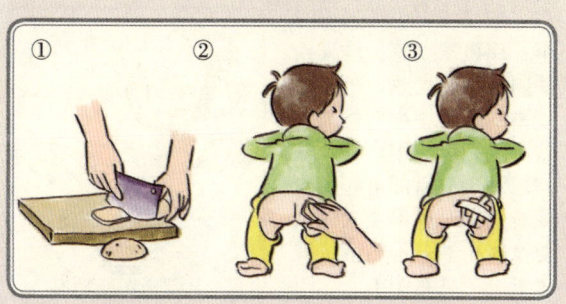

大小比肿块略大些,将它盖在肿块上,用胶布固定好,一天后取下,肿块可消失。(见上页图)

槐子治开水烫伤 >>>

若不慎被开水烫伤,可去中药店买 100 克槐子,炒焦碾碎过筛成细面,放在热花生油内,拌成厚粥状,敷在烫伤处,用严格消毒过的纱布包好。本方可促进伤势复原,而且不落疤痕。

黑豆汁治小儿烫伤 >>>

小儿不慎烫伤后,可用黑豆 25 克加水煮浓汁,涂搽伤处,疗效很好。

鸡蛋油治烫伤 >>>

取煮熟的鸡蛋黄 2 个,用筷子搅碎,放入铁锅内,用文火熬,等蛋黄发糊的时候用小勺挤油。放入小瓶里待用。每天抹 2 次,3 天以后即可痊愈。注意熬油时火不要太旺,要及时挤油,不然蛋黄就焦了。(见右图)

大葱叶治烫伤 >>>

遇到开水、火或油的烫伤，即掐一段绿色的葱叶，劈开成片状，将有黏液的一面贴在烫伤处，烫伤面积大的可多贴几片，并轻轻包扎，既可止痛，又防止起水疱，1～2天即可痊愈。

巧治烫伤三法 >>>

1. 只烫坏表皮，看上去发红，不起泡，但相当痛，应立即在干净的凉水里浸泡，不仅止痛，还能减少肿痛感。

2. 可以涂抹一些紫药水、动植物油或者牙膏，不必包扎，都有止血止痛的效果。

3. 若烫坏了真皮层，起了水疱，不要把疱弄破，可用酒精轻轻涂擦水疱周围的皮肤，再用涂有凡士林的纱布轻轻包扎。（见右图）

绿豆治烧伤 >>>

取生绿豆100克研末，用白酒

221

或 75% 酒精调成糊状，30 分钟后加冰片 15 克，再调匀后敷于烧伤处。用此方法，痛苦小，结痂快，愈后不留疤痕。

巧治戳伤 >>>

戳伤时不可热敷，在伤部冰敷可减轻血管出血，防止血肿形成。用冷湿布或者冰块冷却患处，用厚纸作夹板固定受伤手指，再用绷带包扎好。普通扭伤或脱位，可自行将患处整复好，恢复原状。

韭菜敷贴治踝关节扭伤 >>>

将新鲜韭菜 250 克切碎，放盐末 3 克拌匀，用小木槌将韭菜捣成菜泥，外敷于软组织损伤表面，以清洁纱布包住并固定，再将酒 30 克分次倒于纱布上，保持纱布湿润为度。敷 3 ~ 4 小时后去掉韭菜泥和纱布，第 2 日再敷 1 次。主治足踝部软组织损伤。

白芷散治关节积水 >>>

白芷适量研细末，黄酒调敷于局部，每天换药 1 次。此方治疗关节积水有良效，一般 7 ~ 10 天关节积水即可吸收。

关节炎、风湿症、腰腿痛 🌊

药粥治关节炎 >>>

备糯米 50 克，米醋 15 克，姜 5 克，连须葱 7 茎。先用糯米洗净后与姜入砂锅内煮一二沸。再放葱白，待粥熟后加入米醋调匀，空腹趁热顿服。服后若不出汗宜即盖被静卧，以微微出汗为佳。本粥有祛风散寒之功，但需要注意的是：凡风热及关节红肿者禁用。

羊肉串治关节炎 >>>

将嫩羊肉 250 克切成桂圆大小的块，串在 10 个烤签子上，另备人参、杜仲、桂心、甘草各 15 克，研为细末，掺入细精盐少许。将羊肉串放在炭火上，烤熟撒上药末即可酌量食用。这样处理过的羊肉串

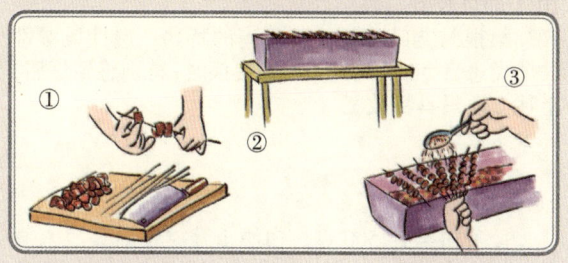

更具补气养血、强肾壮骨之功效,可辅助治疗类风湿性关节炎。(见上页图)

花椒水缓解关节炎疼痛 >>>

取花椒 60 克,入锅加水 600 毫升,煎至 200 毫升,用干净布盖上,放屋外高处露一夜,次晨取回,冷服,盖被取汗。本方温阳散寒、通络止痛,可缓解关节炎疼痛。

换季时缓解关节疼痛二方 >>>

1.晒干的桑根与艾叶各 10 克(鲜品桑根 40 克,艾草 60 克),以 500 毫升的水煎至剩 300 毫升为止,分为 3 等份,每餐后服 1 次。持续服用,1 个月就会减轻痛楚。

2.桑根、决明子、薏仁各 20 克,用 700 毫升的水煎至 500 毫升即可,分为 3 次,1 天内喝完,约 10 天即可收效。

桑根与艾叶都是止神经痛的特药;慢性风湿性关节炎患者,有的是到了季节更换时,特别感到疼痛,上述 2 法最具特效。

药酒治关节炎 >>>

1.备白桑葚 500 克,白酒 1 升。将桑葚放入酒中浸 1 周，滤渣，每日早晚各服 15 毫升。本方滋阴补血、活血止痛，主治风湿性关节炎。

2. 丝瓜络 150 克，白酒 500 毫升。将丝瓜络入白酒中浸泡 7 天，去渣饮酒，每次 1 盅，日服 2 次。本方活血通络止痛，主治关节炎疼痛。

葱、醋热敷治疗关节炎 >>>

得了急性关节炎，患部肿痛难忍，这时可将好醋 500 克煎至 250 克，再加入洗净切细的葱白 30 克，煮沸 2～3 遍，过滤后用布包好，趁热敷于患部关节，每日 2 次，有止痛促康复之功。

鲜桃叶治关节炎 >>>

备鲜桃叶适量，白酒 250 毫升。白酒烧热，桃叶用手稍揉，蘸酒洗患处，每晚睡前 1 次。治疗风湿性关节炎有良效。（见下图）

童子鸡治风湿症 >>>

　　小红公鸡（童子鸡）1只去肠杂，洗净，将木香、木瓜、当归、红花、甘草各3克以纱布包好，纳入鸡腹，将鸡头提起，从切口处灌入黄酒1／3瓶，再予缝合（提起鸡头，是恐黄酒自鸡头流出）。将鸡放瓦盆或陶器罐，加盖，锅中放水，隔水蒸1小时左右，以鸡烂为度。先吃鸡，再喝汤，1次服完，盖被发汗，以感觉脚心发汗为止，起而拭汗，更衣，再休息。此时绝对不能见风。风湿症轻者1剂，重者2剂即可治好。（见右图）

酒炖鲤鱼治风湿 >>>

　　北杜仲15克，当归、龟板各12克，蜜黄芪10克，甘杞、五加皮各6克，上药与米酒1瓶，置酒缸中浸泡7天备用。另买鲤鱼1尾（约1.5千克重），养于清水中，约1小时换水1次，经6～7次换水，使其肚中粪污排泄净尽，再趁其活着时入蒸罐（不可去鳞或剖腹），将泡好的酒浸入，密封放锅中隔水炖烂。

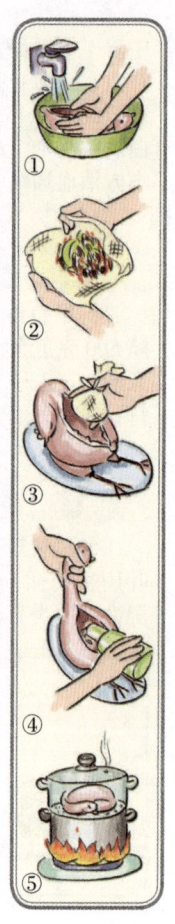

226

把炖好的鲤鱼盛碗中，用筷子轻轻刮去鱼鳞，连汤喝下。此方不但可去风湿，对平日精力衰退、腰酸骨痛及病后失调，都非常有效。

妙法治疗肩周炎 >>>

取一只白色无毒的塑料薄膜袋，剪成比患部稍大些的面积，然后将水烧开，待水温降至 30 ~ 40℃时，滴少许白酒于温水中，再将塑膜置于温水中浸泡 1 ~ 2 分钟，然后将其贴于患处，蘸些许温水于塑膜上，快速穿上内衣。因塑膜有渗入酒精成分的水汽及排出汗液的吸附力，一般不易脱落。塑膜 1 天换 1 次，白天夜间都坚持按以上方法贴敷。坚持一段时间即有效果。

麦麸加醋治腰腿痛 >>>

老年人腰腿常痛，可用麦麸加醋热敷治疗。做法是：在 1.5 千克麦麸之中加入 500 克陈醋，一起拌匀，炒热，趁热装入布袋中，扎紧袋口后立即热敷患处，凉后再炒热再敷，每 3 小时敷 1 次，1 次敷 30 分钟，效果明显。

倒行治腰腿痛 >>>

老年人练倒行可解除腰腿背部疾患。方法是：

找一平坦地，双手叉腰，腰背挺直，两眼直视正前方，向后退着走，速度可适当加快。若在练倒行时，再加做几下腰部运动，更好。

熏洗治老寒腿 >>>

取生姜 200 克、醋 250 克，加水 1 升，煮开后熏洗患处，每天 2 次，用后的姜醋不要倒掉，第二天用时再加些生姜、醋、水，用过六七次再换新的，直至治愈。

热姜水治腰肩疼痛 >>>

先在热姜水里加少许盐和醋，然后用毛巾浸泡再拧干，敷在患处，反复数次，此法能使肌肉由张变弛、舒筋活血、缓解疼痛。（见右图）

红果加红糖治腿痛 >>>

治疗腿部酸痛无力，可用 500 克红果（去核）加 500 克红糖，加水熬煮成糊状，趁热服用，以出汗为宜，并用棉被盖上双腿。这样连服 3～5 次即见成效。如果效果不显，可多服几次。

手脚干裂、麻木

大枣外用治手脚裂 >>>

取大枣数颗，去掉皮核，洗净后，加水煮成糊状，像抹脸油一样，涂抹于裂口处，轻的一般 2 ~ 3 次即愈。

抹芥末治脚裂口 >>>

治疗脚裂口，可用 40℃左右的温水洗脚，泡 10 分钟左右，然后擦干；用温水调好芥末，成糨糊状，不要太稀，用手抹在患处；穿上袜子以保清洁；第二天再用温水洗脚，再抹，一般 2 ~ 3 次即愈。（见下图）

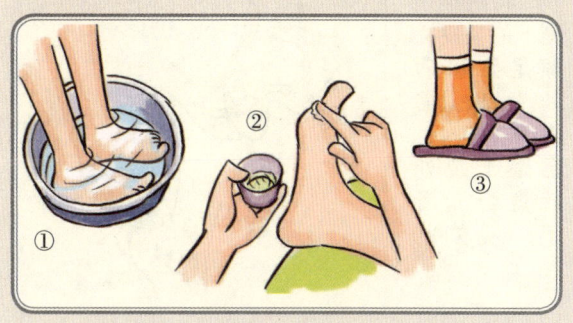

橘皮治手足干裂 >>>

手足干裂的时候，可取橘子皮 2 ~ 3 个或更多，放入锅或盆里加水煎 2 ~ 5 分钟后，先洗手再泡脚，至水不热为止，每天最少要洗 1 次，连洗多天，就有明显的效果。

食醋治手脚裂 >>>

手脚容易干裂的人，可取 500 毫升食醋，放在铁锅里煮，开锅后 5 分钟，把醋倒在盆里，待温后把手脚泡在醋里 10 分钟，每天泡 2 ~ 3 次，7 天为 1 疗程。一般 2 个疗程即可治愈。

苹果皮治脚跟干裂 >>>

将削苹果剩下的果皮搓擦足跟患病处，一般只需搓擦 3~5 次，足跟干裂处就愈合光滑了。（见右图）

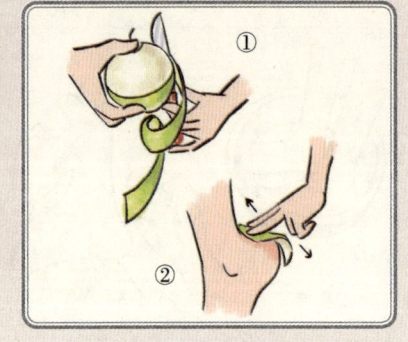

黄蜡油治手脚裂 >>>

治疗手脚裂，可备香油 100 克、黄蜡（中药店可买到）20 ~ 30 克，用火将香油热熬，放黄蜡，待黄蜡熔化即成。先用温热水泡洗手（脚）部 10 ~ 15 分钟，待手(脚)泡透擦干，擦蜡油于患处，用火烤干，当时就有舒适感。每日 2 次，一般 1 周即愈。

牛奶治脚跟干裂 >>>

治疗脚跟干裂，可用鲜牛奶在洗过的脚跟处擦抹，数次即可见效。不但能促进裂口愈合，脚跟皮肤也会变得柔软光滑。

软柿子治手皴 >>>

先用温水洗手，然后把软柿子水挤在手上，来回反复用力搓一搓，连续几个晚上就能见效。（见右图）

① ② ③

用蜂蜜巧治手皴裂 >>>

治疗手皴裂，可于每日早饭后，将双手洗净擦干，将蜂蜜涂于手心、手背、指甲缝，并用小毛巾揉搓 5 ~ 10 分钟，双手暖乎乎的。晚间睡觉前洗完手，再用上述办法双手涂蜂蜜揉搓。

捏手指法治手麻 >>>

有的人一遇急事就会手麻，此时可用拇指和示指，用力抻有犯麻的手指，后用示指托着那个犯麻的指甲；再用大拇指的指甲用力捏那个犯麻的手指肚顶部；如整手麻就按五指顺序以上述方法捏，然后再用示指和拇指用力抻每个被捏过的手指，这个过程多捏几次，就有效果。

点刺放血治手脚麻木 >>>

治疗手脚麻木，可采用指（趾）端点刺放血的办法，能很快解除病痛。操作办法：先将趾端和三棱针用酒精棉球消毒（缝衣针、注射针头也可）。对准麻木的趾（指）端刺后挤压出少许鲜血。注意起针出血后仍要消毒，不可人为感染。

掐人中穴治手脚抽筋 >>>

如果手或者脚抽筋了，可立即用拇指和示指掐住上嘴唇以上的人中穴，持续用力掐20～30秒钟后，抽筋的肌肉即可松弛，疼痛也随之消除，用此法对付手指或脚抽筋，有效率可达95%以上。

汗脚、脚气

"硝矾散"治汗脚 >>>

　　白矾25克，芒硝25克，匾蓄根30克（中药店均有售）。制法：将白矾打碎与芒硝、匾蓄根混合，水煎2次，煎出液约有2升，放盆内备用。洗脚时，把脚浸泡在药液内，每日3次，每次不得少于30分钟，临睡前洗脚最好。每服药可使用2天，洗时再将药液温热，6天为1疗程。

冬瓜皮治脚气 >>>

　　脚气病重时会导致溃烂流水，这时可买1个冬瓜，削下瓜皮熬水洗脚，方便又便宜，治疗效果不错。（见下图）

白茅根治脚气 >>>

采集白茅之根，水洗去细砂，于日光下晒干，切细，用 10～15 克煎汁，将此汁代茶饮用，对治脚气很有效。（见右图）

巧用白糖治脚气 >>>

脚用温水浸泡后洗净，取少许白糖在患脚气部位用手反复揉搓，搓后洗净（不洗也可以）。每隔两三天洗 1 次，3 次后一般轻微脚气患者可痊愈，此法尤其对趾间脚气疗效显著。

白皮松树皮治脚气 >>>

把白皮松树的树皮剥下烧成灰，用香油调成糊，涂抹在患处。每天 1～2 次，注意不能洗脚，要连续抹。一般用此方 2 周就能痊愈。

蒜头炖龟治脚气 >>>

用龟 1 只洗净切块，将蒜头 5

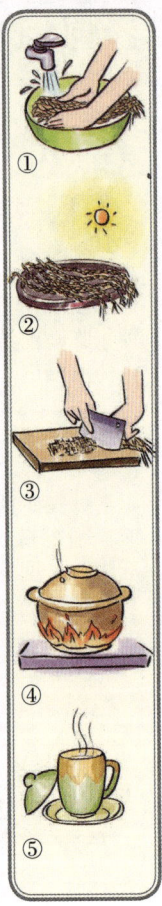

①
②
③
④
⑤

枚略为捣烂，放入锅中，清炖乌龟，每天 1 次，4～5 天可消肿胀，治疗脚气病有效，对老年人更为适宜。

煮黄豆水治脚气 >>>

用 150 克黄豆打碎煮水，用小火约煮 20 分钟，加水 1000 毫升左右，待水温能洗脚时用来泡脚，可多泡会儿。治脚气病效果极佳，脚不脱皮，而且皮肤滋润。一般连洗 3～4 天即可见效。

黄精食醋治脚气 >>>

黄精 250 克、食醋 2 千克，都倒在搪瓷盆内，泡 3 天 3 夜（不加热、不加水）后，把患脚伸进盆里泡。第一次泡 3 个小时，第二次泡 2 个小时，第三次泡 1 个小时。泡 3 个晚上即有效果。

APC 药片治脚臭 >>>

脚奇臭的人，可试着将一两片 APC 药片碾成粉状，分别撒在两只鞋里，1～2 天投 1 次即可，独特有效。

萝卜水洗脚除脚臭 >>>

用白萝卜半个，切成薄片，放在锅内，然后加适量水，用大火熬3分钟再用小火熬5分钟，随后倒入盆中，待降温适度后反复洗脚，连洗数次即可除去脚臭。

姜水洗脚除脚臭 >>>

1. 热水中放适量盐和数片姜，加热数分钟，不烫时洗脚，并搓洗数分钟，不仅除脚臭，脚还感到轻松，可消除疲劳。

2. 将脚浸于热姜水中，浸泡时加点盐和醋，浸约15分钟左右，抹干，加点爽身粉，脚臭便可消除。

土霉素去脚臭 >>>

将土霉素研成末，涂在脚趾缝里，每次用量1～2片，能保证半月左右不再有臭味。（见下图）

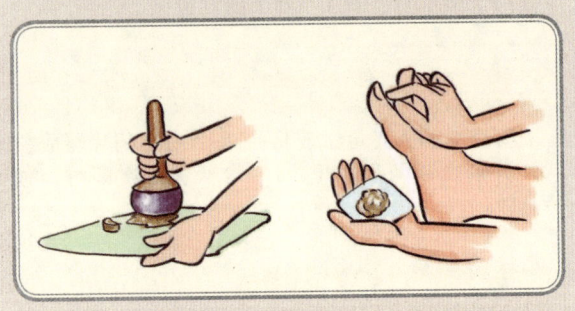

鸡眼、赘疣

芹菜叶治鸡眼 >>>

芹菜叶洗净，将水甩掉，捏成一小把，在鸡眼处涂擦，至叶汁擦干时为止。每日3～4次。1周后鸡眼即被吸收。

葱白治鸡眼 >>>

脚上若长鸡眼，可用葱白医治。方法是：晚上用热水泡脚后，剪一块比鸡眼稍大点的葱白贴在患处，用伤湿止痛膏固定，连用数次即可治愈。

葱蒜花椒治鸡眼 >>>

用大蒜头1个、葱白10厘米、花椒3～5粒共捣如泥，敷患处，卫生纸搓一细条围绕药泥，并包扎、密封，24小时后去药，3日后鸡眼变黑，逐渐脱落，半月即可完全脱落。

贴豆腐治鸡眼 >>>

患了鸡眼，可于睡觉前将患处用温水洗净，把市售豆腐切成片贴在患处，用塑料袋裹好，外套袜子固定。次日起床后，去掉豆腐，用温水洗脚。此法治疗鸡眼效果显著，而且不易复发。

大蒜治鸡眼 >>>

　　脚上长了鸡眼，可用大蒜进行治疗。方法是：把大蒜砸成泥，摊在布上备用。把脚洗净，沿鸡眼周围用针挑破，以见血丝为宜，然后把摊在布上的蒜泥贴到患处包好。一般用此方数次，鸡眼即可消失。（见下图）

醋蛋治鸡眼 >>>

　　鸡蛋3只，醋适量。将鸡蛋泡进醋里，密封7天，然后捞出煮熟吃，一般5～6天后，鸡眼里即生长出嫩肉，把患处逐渐顶高。这时每天临睡前用热水将患处泡软，再用刀刮去硬皮，持续7～8天，鸡眼即可全部脱落。

鸡蛋拌醋治寻常疣 >>>

　　治疗寻常疣，可取鲜鸡蛋 7 个煮熟去壳，用竹筷刺若干小孔后切成 4 等份装入杯中，加入食醋 70 毫升。拌匀加盖放置 6 小时。空腹连蛋带醋一次服食尽，每周 1 次，1～2 次可见效。使用本方忌盐、酱油及碱性食物、药物。（见右图）

丝瓜叶治软疣 >>>

　　软疣俗称水瘊子，是一种皮肤病。此病如不及时诊治，极易反复发作，重者蔓延胸背四肢，让人心烦。治疗方式是：将丝瓜叶揉搓后涂擦于患处，两三天后身上的疣体开始变小，直至消失。

木香薏仁汤治扁平疣 >>>

　　取木香、生薏仁各 100 克，香附 150 克。加水 1 升，浸泡 30 分钟，煎煮 1 小时后倒出药液；药渣再加水 500 毫升，用同法煎煮。合并 2 次药液待用。用前以热水洗净患部，

①
②
③
④
⑤

将药液加热至30℃左右，外洗患部，并用力摩擦，直至患部发红，疣破为度。再取鸦胆子5粒，去壳捣烂，用1层纱布包如球状，用力摩擦，每次10分钟，以上治疗早晚各1次，1周为1疗程。外洗宜每3天1剂，鸦胆子每天更换1次。此方治疗扁平疣有良效。

蜈蚣油治瘊子 >>>

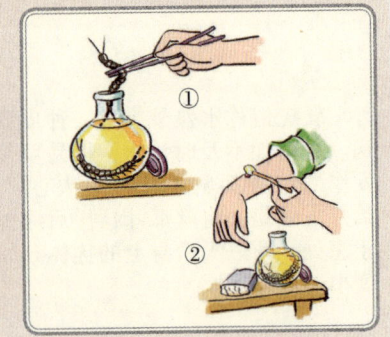

把1~3条活蜈蚣用香油浸泡在瓶子里，3天后用棉签蘸油擦瘊子，每天2~3次。轻者擦几次就好，重者擦1周或稍长时间也会好的。（见右图）

枸杞泡酒治瘊子 >>>

取数十粒枸杞浸泡白酒中，月余后，用枸杞沾酒涂在瘊子上，每天坚持数次，轻者数日就好，重者几周痊愈。本方治愈率极高，而且不痛不痒。

皮炎、湿疹、荨麻疹 🌊

红皮蒜治皮炎 >>>

治神经性皮炎，可取红皮蒜适量，去皮捣烂如泥状，敷患处约5毫米厚，盖以纱布，胶布固定，每天换药1次，7天为1疗程。

食醋糊剂治皮炎 >>>

取食醋500克（瓶装山西老陈醋最佳）放入铁锅内煮沸浓缩成50克，装入干净大口瓶内。将苦参20克、花椒15克洗净，放入瓶内，浸泡1周后可用（浸泡时间越长越好）。温开水清洗患部，用消毒棉签蘸食醋糊剂涂擦病变部位，每天早晚各1次。（见下图）

① ② ③

醋蛋液治皮炎 >>>

备新鲜鸡蛋 3 ～ 5 只，好浓醋适量。将鸡蛋放入大口瓶内，泡入好浓醋，以浸没鸡蛋为度，密封瓶口，静置 10 ～ 14 天后，打开取出蛋，并将蛋清蛋黄搅和，涂患处皮肤上，经 3 ～ 5 分钟，稍干再涂 1 次，每日 2 次。如涂药期间皮肤发生刺激现象时，减少涂药次数。

海带水洗浴治皮炎 >>>

治疗神经性皮炎，可取海带 50 ～ 100 克，先洗去盐和杂质，用温开水泡 3 小时，捞去海带、加温水洗浴，数次即可见效。

小苏打洗浴治皮炎 >>>

用小苏打溶于热水中洗浴，全身浴用小苏打 250 ～ 500 克，局部浴用 50 ～ 100 克。主治神经性皮炎。

韭菜糯米浆治皮炎 >>>

取韭菜、糯米各等份，混合捣碎，局部外敷，以敷料包扎，每天 1 次。此方治疗接触性皮炎疗效甚佳，一般 3 ～ 5 天即可痊愈。

绿豆香油膏治湿疹 >>>

治疗湿疹，可取适量绿豆粉炒呈黄色，凉凉，用适量香油调匀涂患处，每天 1 次。

干荷叶、茶叶外敷治湿疹 >>>

干荷叶不拘量，茶叶适量。将荷叶焙干研成极细末，或烧灰，用茶叶煎成浓汁，调荷叶末或灰成糊状。外用，每日 1～2 次，涂敷患处。本方是治湿疹的著名古方，见于《本草纲目》。（见右图）

冬瓜莲子羹治湿疹 >>>

冬瓜、莲子都有健脾除湿、清热利尿之功效，可用于治湿疹的食疗。做法是：取冬瓜 300 克去皮、瓤，莲子 200 克去皮、心，另备调料适量。先将莲子泡软，与冬瓜同煮成羹。待熟后加调料。每日 1 剂，连服 1 周。

海带绿豆汤治湿疹 >>>

治疗急性湿疹，可将海带 30 克、鱼腥草 15 克洗净，同绿豆 20 克煮熟。喝汤，吃海带和绿豆。每天 1 剂，连服 6 ~ 7 天。

玉米须莲子羹治湿疹 >>>

莲子 50 克（去心），玉米须 10 克，冰糖 15 克。先煮玉米须 20 分钟后捞出，纳入莲子、冰糖后，微火炖成羹即可。本方有清热利尿、除湿健脾之功效，适于治湿疹。

土豆泥治湿疹 >>>

将土豆洗净，切细，捣烂如泥，敷于患处，用纱布包扎，每天换药 4 ~ 6 次，如此过 2 天，患部即呈明显好转，3 天后，即可大致消退。

川椒冰片油治阴囊湿疹 >>>

将鸡蛋数只煮熟，取蛋黄放在铁勺内搅碎，用文火熬炼即得蛋黄油。取上油 40 毫升，兑入川椒粉 1.5 克，五倍子粉 3 克、冰片粉 2 克，摇匀后备用。主治男性阴囊湿疹，一般 1 周内见效。急性湿疹渗出多时，本方不宜使用。

韭菜涂擦治荨麻疹 >>>

荨麻疹俗称"风疹块"，是一种过敏性的皮肤疾患。治疗时可采鲜韭菜 1 把，将韭菜放火上烤热，涂擦患部，每日数次，必可见效。

葱白汤治荨麻疹 >>>

准备葱白 35 条。取其中 15 条水煎热服，另 20 条水煎局部温洗。一般用药后瘙痒即明显好转。风团基本消失后，可再服 1 ~ 2 剂以巩固疗效。

火罐法治荨麻疹 >>>

患者取仰卧位，准备玻璃罐头瓶 1 个，大于脐眼的塑料瓶盖 1 个，酒精棉球若干。治疗时用一枚大头针扎入塑料盖，将酒精棉球插到大头针尖上并点燃，立即将玻璃瓶罩在肚脐上面，待吸力不紧后取下，连续拔 3 次。每日治疗 1 次，3 天为 1 疗程，主治急、慢性荨麻疹。（见右图）

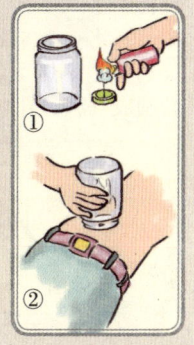

癣、斑、冻疮、蚊虫叮咬

大蒜韭菜泥治牛皮癣 >>>

　　治疗牛皮癣，可将韭菜与去皮的大蒜各50克共捣如泥，放火上烘热，涂擦患处，每日1~2次，连用数日即见效。

鸡蛋治牛皮癣二方 >>>

　　1.将鸡蛋2枚浸泡于米醋中7日，密封勿漏气。取出后用鸡蛋搽涂患处，经1~3分钟再涂1次。每日涂2~3次，不可间断，以愈为度。

　　2.将鸡蛋5个去清留黄，硫黄、花椒各50克混放鸡蛋内，焙干后同蛋一同研末，去渣，加香油适量调成糊状，外贴患部。（见下图）

老茶树根巧治牛皮癣 >>>

将老茶树根 30 ~ 60 克切片，加水煎浓。每日 2 ~ 3 次空腹服，治疗牛皮癣有良效。

荸荠治牛皮癣 >>>

治疗牛皮癣，可取鲜荸荠 10 枚去皮，切片浸适量陈醋中，与醋一起放锅内文火煎 10 余分钟，待醋干后，将荸荠捣成泥状备用。用时采少许涂患处，用纱布摩擦，当局部发红时再敷药泥，贴以净纸，包扎好。每天 1 次，至愈为止。（见右图）

醋熬花椒治癣 >>>

将 1 把花椒在醋中熬半小时，放凉后将花椒水装入瓶中，用一小毛笔刷花椒水于患处，每天坚持早、午、晚刷涂患处，可治癣。

芦荟叶治脚癣 >>>

治疗脚癣，可取鲜芦荟叶适量

①
②
③
④
⑤

以冷开水洗净，压取汁液，涂搽或调水浸泡患处。每日 2 ~ 3 次，每次 15 分钟。

醋水浸泡治手癣 >>>

用醋 120 克对水 100 毫升，浸泡患处，每天 1 次，可治手癣。

生姜治白癜风 >>>

取生姜 1 块，切去 1 片擦患处，姜汁擦干后再切去 1 片，擦至皮肤灼热为度，每日 3 ~ 4 次。

巧用苦瓜治汗斑 >>>

治疗汗斑，可取苦瓜 2 条，密陀僧 10 克。将密陀僧研细末、苦瓜的心子去尽。取密陀僧末灌入苦瓜内，放火上烧熟，切片，擦患处，每天 1 ~ 2 次。此方治疗汗斑，一般擦 5 ~ 6 次即愈。

河蚌壳治冻疮 >>>

将冻疮溃烂面洗净后，取河蚌壳适量，煅后研末敷患处，经常使用。此方曾临床治疗冻疮溃烂患者多例，均在撒药 1 周内痊愈，比一般的冻疮膏效果更好。

蒜泥防冻疮 >>>

暑伏时，取大蒜适量去皮捣烂如泥状，敷在上年生过冻疮之处，盖以纱布，胶布固定，过24小时洗去，隔3~4日后再敷1次，可以有效预防冻疮。

蜂蜜凡士林治冻疮 >>>

熟蜂蜜、凡士林等量调和成软膏，薄涂于无菌纱布上，敷盖于疮面，每次敷2~3层，敷盖前先将疮面清洗干净，敷药后用纱布包扎固定，主治冻疮。未溃者可不必包扎。

巧用生姜治冻疮 >>>

用生姜1块在热灰中煨热，切开搽患处。适用于冻疮未溃者。（见下图）

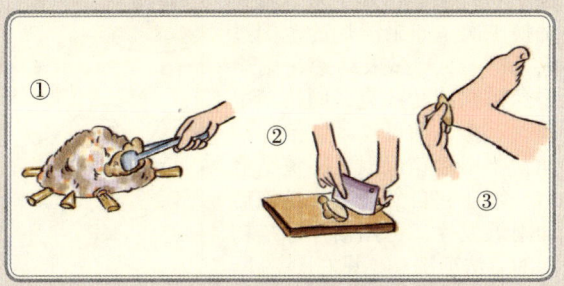

① ② ③

浸冷水可治冻疮 >>>

寒冷季节，有时会冻得脚趾和手指都呈紫色，奇痒无比，脚部会呈一块块的青紫，像瘀血一般，温度愈高愈痒，连药物都无效。这时将患处浸在冷水中约30分钟，就不再痒了，每天1次，不出1周即可痊愈。

山药治冻疮初起 >>>

冻疮初起，可将鲜山药捣烂，涂敷于患部，干即更换，数次即消。或加蓖麻子仁数粒一同捣烂，外敷更好。

猪蹄甲治冻疮 >>>

猪蹄甲烧成灰，患部洗净擦干后，搽上猪蹄甲灰，每天洗换1次。如果溃烂的范围过大，1~2天都未结疤，则至中药铺购冰片3克，同猪蹄甲灰一起擦，即可见效。治疗期间，要用棉花保温，冻疮结疤后，须让它自然脱落，结疤后如附近发痒，可用治疗冻疮初起的方法煎洗。（见右图）

芦荟绿豆外用治黄褐斑 >>>

芦荟300克，绿豆150克，分别研末。每日1次，取适量粉末以鸡蛋清调成糊状（夏季用西瓜汁调），覆盖于面部或患处。每日1次，1个月为1疗程。

纳凉避蚊一法 >>>

炎热的夏季，大家都喜欢在外面纳凉，但可恶的蚊子使人无法安宁。现介绍一避蚊妙法：用2个八角茴香泡半盆温水来洗澡，蚊子便不敢近身。

蚊虫叮咬后用大蒜止痒 >>>

用切成片的大蒜在被蚊虫叮咬处反复擦一分钟，有明显的止痛去痒消炎作用，即使被咬处已成大包或发炎溃烂，均可用大蒜擦，一般12时后即可消炎去肿，溃烂的伤口24小时后可痊愈。但皮肤过敏者应慎用。

食盐止痒法 >>>

遭蚊子叮咬后，用湿手指蘸点盐搓擦患处可去痛痒。

五官疾病

口腔溃疡速治一法 >>>

取维生素 C 药片适量（根据情况自定），取一纸对折，把药夹其中，用硬物在外挤压碾碎，把药面涂在口腔溃疡患处，一两次即见效。（见下图）

① ② ③

嚼茶叶治口腔溃疡 >>>

口腔溃疡突发而疼痛时，可立即嚼花茶一小撮，半小时后吐掉，就能止痛。

苹果片擦拭治口腔溃疡 >>>

生了口腔溃疡，可把削了皮的苹果切成小片，用苹果片在有口腔溃疡的地方来回轻轻擦，擦拭后很舒服。一般每天擦 3 ～ 4 次，一两天就见效。

蜂蜜治疗口腔溃疡 >>>

　　治疗口腔溃疡，可用不锈钢勺取蜂蜜少量，直接置于患处，让蜂蜜在口腔中存留时间长些最好，然后用白开水漱口咽下。每天 2 ~ 3 次，2 天即愈。

明矾治口腔溃疡 >>>

　　将 25 克明矾放在勺里，在文火上加热，待明矾干燥成块后，取出研成细面，

涂于溃疡患处，每天 4 ~ 5 次。一般 1 周内即可痊愈。（见上图）

罗汉果巧治咽炎 >>>

　　罗汉果 250 克洗净，打碎，加水适量煎煮。每 30 分钟取煎液 1 次，加水再煎，共煎 3 次，最后去渣，合并煎液，再继续以小火煎煮浓缩到稍黏稠将要干锅时，停火，待冷后，拌入干燥白糖 100 克把药液吸净，混匀，晒干，压碎，装瓶备用。每次 10 克，以沸水冲化饮用，次数不限，治疗咽喉炎有良效。

蒲公英叶治口腔炎 >>>

取蒲公英鲜叶几片，洗净，有空就放在嘴里咀嚼，剩下的渣或吞或吐。连嚼几个月无妨，可有效治疗口腔炎、口臭。蒲公英鲜叶越嫩、汁越多越好。

马蹄通草茶治口苦 >>>

口苦不退引起发热，为防热退后引发黄疸，故宜清解湿热，饮食力求清淡。用马蹄 10 个、车前子 15 克，加通草 6 克同煎，以此煎汁泡茶饮服。每天最少 3 ~ 4 次。

蒸汽水治烂嘴角 >>>

治疗烂嘴角，可用做饭、做菜开锅后，刚揭锅的锅盖上或笼屉上附着的蒸汽水，趁热蘸了擦于患处（须防烫伤），每日擦数次，几日后即可脱痂痊愈。（见右图）

治声音沙哑一方 >>>

抽烟过多、饮酒过量、油炸食物吃多了，往往会使身体干燥、发热、喉咙沙哑，讲不出话来，这时可取陈年茶叶、竹叶各 3 克，咸橄榄 5 个，乌梅 2 个，加1杯水放进锅中,煮好后沥去残渣,在汁液中加少许砂糖,调拌后即可食用。

鸡蛋治失音 >>>

1. 每天早晨用鲜鸡蛋1只,微微热,挖2个小孔,放在唇边吮吸至净尽,味尚清润可口,连吃10余天,可使喉部润泽,发音清亮。

2. 砂糖或冰糖适量做成糖汤,煮沸后,冲泡生鸡蛋1~2只食用,每天傍晚服用1次。

3. 取2只鸡蛋,将其蛋白放入碗中,像做蛋糕一样,打至起泡为止,再用滚水冲茶(乌龙茶最佳,红茶亦可)1杯,加入些许冰糖,待溶解后,倒入蛋白内,趁热喝下,蛋白的泡沫会浮在上面,若将蛋白的泡沫大口吞咽,效果更好。(见右图)

香油巧治慢性鼻炎 >>>

治疗慢性鼻炎,可将香油置锅内以文火慢慢煮炼,待其沸腾时保持15分钟,待冷后迅速装入消毒瓶中。初次每侧鼻内滴 2 ~ 3 滴; 习惯后渐增至 5 ~ 6 滴。每日 3 次。滴药后宜稍等几分钟让药液流遍鼻黏膜。一般治疗 2 周后显效。

姜枣糖水治急性鼻炎 >>>

取生姜、大枣各9克，红糖72克。前 2 味煮沸加红糖，当茶饮。主治急性鼻炎、鼻塞、流清涕。（见右图）

牙痛急救五法 >>>

1. 用花椒一枚，嚙于龋齿处，疼痛即可缓解。

2. 将丁香花(中药店有售)1朵，用牙咬碎，填入龋齿空隙，几小时牙痛即消，并能够在较长的时间内不再发生牙痛。

3. 用水摩擦合谷穴（手背虎口附近）或用手指按摩压迫，均可减轻牙痛。

4. 用盐水或酒漱口几遍，也可减轻或止牙痛。

5. 牙若是遇热而痛;多为积脓引起，可用冰袋敷颊部，疼痛也可缓解。

清热桑花饮治结膜炎 >>>

治急性结膜炎，可取桑叶 30 克，野菊花、金银花各 10 克。上药置砂锅内，加水 500 毫升浸泡 10 分钟左右，文火煎沸 15 分钟即可。先用热气熏患眼 10 分钟，过滤药液，用消毒纱布蘸药液反复洗患眼 5 分钟，每天 3 次。一般 3 天即可痊愈。

热姜水治牙周炎 >>>

犯了牙周炎，可先用热姜水清洗牙石，然后代茶饮，每日 1 ~ 2 次，一般 6 次左右即可消炎。

田螺黏液治中耳炎 >>>

将大活田螺洗净外壳，放置冷水中让其吐出污泥。放置时间越长，吐纳就越清洁。用时先用棉签蘸生理盐水或双氧水反复拭干耳内脓液，然后侧卧，使患耳朝上；将田螺剪开尾部（螺尖）呈漏斗状，对准患耳的外耳道，用物 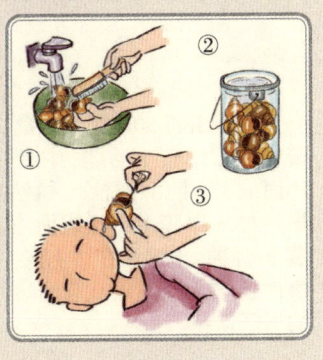 刺激田螺盖，使田螺收缩，释出清凉黏液滴入患耳，滴完后患者应继续侧卧片刻。每天 1 次。此方治疗中耳炎，轻者 1 次即愈，重者 3 ~ 5 次可愈。（见上图）

韭菜子治遗精 >>>

　　韭菜子性温，味辛、甘，具有滋补肝肾、助阳固精之功效，在中医里常用于治疗男子遗精。以下是两副民间验方：

　　1.韭菜子5～10克，粳米60克，盐适量。将韭菜子研细末，与粳米一起煮粥。待粥沸后，加入韭菜子末及食盐，续煮为稀粥，空腹食用。

　　2.韭菜子10克水煎，用黄酒适量送服，每日2次。

山药核桃饼治遗精 >>>

　　备生山药500克，核桃仁100克，面粉150克，蜜糖（即蜂蜜1汤匙、白糖100克、大油少许，加热而成）。生山药洗净，蒸熟去皮，放盆中加入面粉、核桃仁（碾碎），揉成面团，擀成饼状，在蒸锅上蒸20分钟，出锅后在饼上浇一层蜜糖即成。每日1次，每次适量，当早点或夜宵食用。用于肾阴亏虚导致的男子遗精。

蚕茧治遗精 >>>

　　将蚕茧10个放入火中烤，待表皮呈黑色后，泡

开水饮用。利用蚕脱壳后的茧，来治疗体内排泄过多的各种症状，是中医常用的处方。蚕茧除了有治疗遗精的功能外，对血便、血尿、子宫出血、糖尿病及皮肤病的治疗，都有很大的帮助。（见上图）

韭菜治阳痿、早泄方 >>>

1.韭菜 30 ~ 60 克洗净切细；粳米 60 克先煮为粥，待粥沸后，加入韭菜细末、盐，同煮成稀粥，每日 1 次。阴虚内热、身有疮疡及患有眼疾的人忌用。炎夏季节亦不宜食用。

2.韭菜 150 克，鲜虾仁 150 克，鸡蛋 1 只，白酒 50 毫升。韭菜炒虾仁，鸡蛋做佐餐，喝白酒，每天 1 次，10 天为 1 疗程。

3.韭菜子、覆盆子各 150 克，黄酒 1500 克。将上 2 味炒熟、研细、混匀，浸黄酒中 7 天，每日喝药酒 2 次，每次 100 克。

蚕蛹核桃治阳痿、滑精 >>>

治疗肾虚引起的阳痿、滑精等症，可取蚕蛹50克（略炒），核桃肉100克。隔水蒸，去蚕蛹。分数次服。

牛睾丸治阳痿、早泄 >>>

牛睾丸2个，鸡蛋2只，白糖、盐、豉油、胡椒粉各适量。将牛睾丸捣烂，鸡蛋去壳，6物共拌均匀，锅内放少许食油烧热煎煮，可佐餐食。本方补气益中，主治中气不足导致的阳痿、早泄。

栗子梅花粥治阳痿 >>>

栗子10个去壳与粳米50克兑水，文火煮成粥，然后将梅花3克放入，再煮两三沸，加适量白糖搅匀即可。空腹温热服。用于抑郁伤肝、劳伤心脾的阳痿不举。（见右图）

黄芪乌骨鸡治痛经 >>>

　　乌骨鸡（1～1.5千克）去皮及肠杂，洗净；黄芪100克洗净，切段，置鸡腹中。将鸡放入砂锅内，加水1升，煮沸后，改用文火，待鸡烂熟后，调味服食。每料为5天量。月经前3天服用。

叉腰摆腿缓解痛经 >>>

　　两手叉腰，一腿站稳，另一只腿前后摆动20下左右，两腿交替进行，先幅度小再幅度大，先慢后快。（见下图）

川芎煮鸡蛋治痛经 >>>

治疗痛经，可用鸡蛋 2 个、川芎 9 克、黄酒适量，加水 300 毫升同煮，鸡蛋煮熟后取出去壳，复置汤药内，再用文火煮 5 分钟，酌加黄酒适量，吃蛋饮汤，日服 1 剂，5 剂为 1 疗程，每于行经前 3 天温服。

山楂酒治痛经 >>>

干山楂 200 克洗净去核，放入 500 毫升的酒瓶中，加入 60 度白酒 300 毫升，密封瓶口。每日摇动 1 次，1 周后便可饮用。饮后可再加白酒浸泡。本方适用于瘀血性痛经。

桑葚子治痛经 >>>

取新鲜熟透桑葚子 2.5 千克，玉竹、黄精各 50 克，天花粉、淀粉各 100 克，熟地 50 克。将熟地、玉竹、黄精先用水浸泡，文火煎取浓汁 500 毫升。入桑葚汁，再入天花粉，文火收膏。每次服 30 毫升，每日 3 次。本方补益肝肾，用于肝肾虚损之痛经，长期服用，有改善阴虚体质的治本作用。

金樱当归汤治闭经 >>>

取参樱根 15 ~ 30 克，当归 5 克，瘦猪肉适量。

上药与瘦猪肉加水适量煮，去药渣，临睡前做1次服。经未潮，次日晚再服1次。此方治疗闭经有效。

猪肤汤治经期鼻出血 >>>

新鲜猪皮（去净毛）250克，糯米粉30克，蜂蜜60克。先将猪皮洗净加水约3升，文火煎取1升，去渣，加糯米粉、蜂蜜稍熬至糊状，放冷，装瓶备用。每于经前1周早晚各空腹温开水送服3匙。忌食辛辣刺激之物。此方治疗经行鼻衄（鼻出血）收效显著。（见上图）

狗头骨治不孕症 >>>

全狗头骨1个，黄酒、红糖适量。将狗头骨砸成碎块，焙干或用砂炒干焦，研成细末备用。月经过去后3～7天开始服药。每晚睡时服狗头散10克，黄酒、红糖为引，连服4天为1个疗程。服药期间正常行房，忌食生冷食物。服1个疗程未成孕者，下次月经过后再服。连用3个疗程而无效者，改用其他方法治疗。此方适用于宫寒、子宫发育欠佳不能受孕者。

芦荟叶治乳腺炎 >>>

　　鲜芦荟叶适量洗净捣碎，敷在患处，外面用纱布盖住，用胶带贴牢，次日再换一次，2～3日后，症状可完全消失。

治带下病一方 >>>

　　取鲜鸡冠花、鲜藕汁、白糖粉各500克，将鸡冠花洗净，加水适量煎煮，每20分钟取煎液1次，加水再煎，共煎3次，合并煎液，再继续以文火煎煮浓缩，将要干锅时，加入鲜藕汁，再加热至黏稠，停火，待温，拌入干燥的白糖粉把煎液吸净，混匀、晒干、压碎、装瓶备用。每次10克以沸水冲化，顿服，每日3次。（见右图）

听婴儿哭声辨病 >>>

1. 啼哭声忽缓忽急、时发时止，多是患腹泻；哭声嘶哑，多是脾胃不佳，消化不良；啼哭声时断时续、细弱无力，多是腹泻脱水。

2. 夜间啼哭，伴有睡眠不安、易惊、多汗等症，是因钙磷代谢失调引起的佝偻病。

3. 哺乳时身贴母亲怀中发出啼哭，伴有用手抓耳动作，多患中耳炎、外耳疖肿等病。

4. 喂奶进食即哭，多患口腔疾病。

5. 哭声突然发作，声音尖锐洪亮，多为疼痛疾病。如果是肠绞痛，伴有烦躁不安、翻身，哭后入睡；如果是急腹症肠套叠，则伴有面色苍白、出冷汗，苹果酱样稀便。

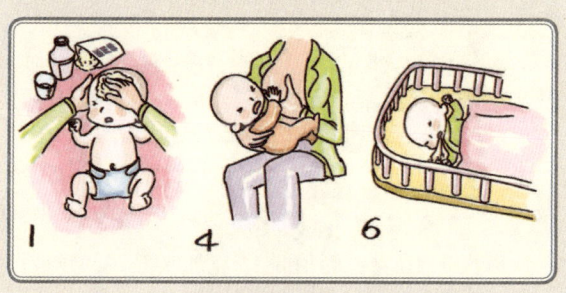

6. 啼哭声无力，伴呼吸急促，口唇发绀、呛奶、呕吐，多为肺炎及心力衰竭。

7. 啼哭声调高，伴尖叫声、发热、呕吐、抽搐等症状，多为脑及神经系统疾病。（见上页图）

童便鸡蛋清治百日咳 >>>

取鸡蛋清 1 个，童便（小儿哺乳期小便）60 毫升。将鸡蛋清与童便搅匀，以极沸清水冲熟，顿服。每日早、晚各 1 次。治疗小儿百日咳效果极佳。

核桃炖梨治百日咳 >>>

取核桃仁 30 克，冰糖 30 克，梨 100 克。3 物共捣烂，入砂锅，加水适量，文火煎煮取汁。每次服 1 汤匙，日服 3 次，治百日咳有效。

板栗叶玉米穗治百日咳 >>>

在锅中放入板栗叶 15 克、玉米穗 30 克，加 3 杯水，慢火熬至剩 1 杯，沥去残渣，于汁液中加冰糖少许调服，1 天内分 3 次喝完。

大枣侧柏叶治百日咳 >>>

以大枣 10 克、侧柏叶 15 克加水煮好，残渣沥去，即可服用。百日咳严重时，会发生痉挛的现象，甜味的食物能缓和肌肉的紧张，大枣即是这一类的食品。侧柏叶则有很强的镇咳止痰的作用。

柚子皮治小儿肺炎 >>>

买一个柚子，吃完留皮，晾干，撕成不大不小的几块，放进锅里加水一起煮，连开几次后，把煮好的汤倒进碗里，给患儿喝下去，连着喝几次有良效。（见右图）

香油治小儿口腔溃疡 >>>

治小儿口腔溃疡，可用香油数十滴，冲化于1汤匙的盐水中，每次滴入口内 4～5 滴，每日十余次。

药贴涌泉穴治婴儿鹅口疮 >>>

婴儿鹅口疮是初生小儿易患的一种口腔炎，其症状是口腔黏膜、舌上出现外形不规则的白色斑块，高出黏膜面，影响婴儿吮乳。治疗时可用吴茱萸 15 克碾为细末，与醋调成糊状。取药糊涂于双脚涌泉穴，固定，每日 1 换，痊愈为止。此疗法简单、实用，无痛苦，很适合于婴儿。（见右图）

樱桃核助麻疹透发 >>>

在麻疹将发未发时，以樱桃核 10～15 克，用水煎服，或是以等量的樱桃核和香菜子加黄酒和水合煎，趁温喷抹胸颈间，这时要注意室内温度，防止着凉，喷几次就可使麻疹透发，如果麻疹已透发者请勿使用此法。

山椒治小儿蛔虫 >>>

有些小孩会突然感到肚子疼痛，大多数是因体内有蛔虫寄生，这时可用山椒种子作为驱虫剂，每次服食 10 粒，晚餐禁食，第二天早晨，蛔虫就随大便出来了。如果这方法还治不好的话，可以将 30～40 克的山椒树皮放入水中，煎至剩下一半的量，空腹趁热饮用，驱虫效果更好。

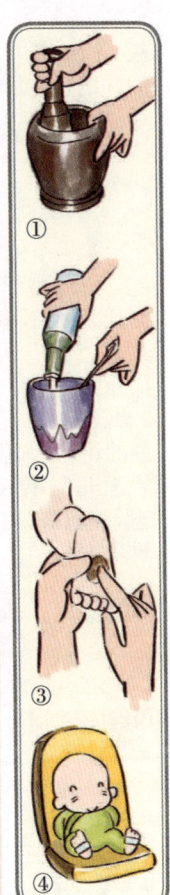

①
②
③
④

蝼蛄蛋治小儿疳积 >>>

先将 1 只鸡蛋戳一小孔（约蚕豆大），再将蝼蛄（活者为佳）放入蛋内用纸封固，或用胶布贴封，然后将蛋煨熟，每天吃 1 只，1 次吃完。此方治疗小儿疳积有良效，轻者吃 3 只，重者间隔 1 周后再吃 3 只即可生效。（见右图）

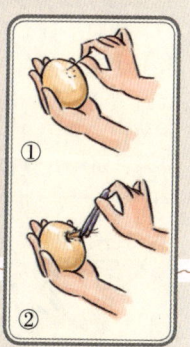

治小儿蛲虫二法 >>>

小孩若体内有蛲虫，肛门会痒得不能安眠，常搔抓可致湿疹糜烂，虫体也可导致肠炎腹泻。

1.将大蒜捣碎，调入凡士林，临睡前涂于患儿肛门四周。第二天，将肛门清洗干净。

2.若在睡前，于肛门口周涂食醋，蛲虫闻到食醋，则全部涌到肛门外，经过几次即可杀清。

止涎散治小儿流涎 >>>

黄连 4 克，儿茶 12 克（此为 3 岁以下剂量）。将药研细末，分 4 份，每早晚各服 1 份，用梨汁或甘蔗汁 1～2 汤匙将药粉搅匀吞服。此方治疗小儿脾胃湿热型流涎（滞颐），有较好的疗效。

鹌鹑粥治小儿食欲不振 >>>

　　鹌鹑 1 只（最好在 11 月至次年 2 月间捉取），糯米 100 克、葱白 3 段。鹌鹑去毛及内脏洗净，炒熟，放白酒 20 毫升稍煮，加水适量入糯米 100 克，粥成加入葱白，再煮 1～2 沸即可，每日食 2 次。本粥益气补脾，对小儿食欲不振、肚腹胀实有疗效。（见下图）

山药散治小儿遗尿 >>>

　　治疗小儿遗尿，可于每天早晨空腹吃 1 个蒸熟的鹌鹑蛋，连吃 2 周即可见效。蒸鹌鹑蛋时一次可多蒸几个，每天吃时用开水泡热即可。

丝瓜瓤治小儿疝气 >>>

　　治疗小儿疝气，可用丝瓜瓤 2 根，剪成数段，每次用几段放在药锅中煎熬半小时，每日当水饮用

（不加任何东西），2周后即可治愈。成人病情较顽固，治疗时间要长些。

灯芯草搽剂治小儿夜啼 >>>

将灯芯草适量蘸香油烧成灰，每晚睡前将灰搽于小儿两眉毛上。此方治疗小儿夜啼效果不错。一般连搽 1 ~ 2 晚见效，3 ~ 5 晚即愈。

贴内关穴治小儿惊吓 >>>

小儿受到惊吓，轻则寝食不安，重则引发高烧或低热不退，治疗时可取生栀子 4 枚、葱白 2 根、面条碎段适量，共碾为末，以健康者唾液调稠，即刻敷扎在小儿"内关"穴（即腕横纹上 2 寸，屈腕时两筋之间），男敷左、女敷右。多数一次见效。少数效果欠佳者，3 日后再换 1 次便可治愈。

侧柏叶糊剂治小儿腮腺炎 >>>

取鲜侧柏叶 250 克，鸡蛋清 1 个。侧柏叶捣烂如泥，加入鸡蛋清调匀摊于纱布上，贴于患儿肿胀部位，每天更换 1 ~ 2 次。此方治疗小儿腮腺炎，多在 1 ~ 2 天内消肿退热。

百合蛋黄汤治病后神经衰弱 >>>

　　治疗病后神经衰弱、坐卧不安，或妇女歇斯底里最有效的方法，是取百合7个，用水浸1夜，以泉水煮取1碗，去渣，冲入生鸡蛋的蛋黄1个，每次服半碗，1日2次。此药方取自《金匮要略》之记载，确有良效。

腰腿功治坐骨神经痛 >>>

　　取站立姿势，两腿叉开同肩宽，挺胸直腰，头尽量后仰，双臂同时垂直上举向后震颤。同时双腿挺直，交替向后踢。也可在床上练，俯卧在硬板床上，双手臂置于胯侧，手背紧贴硬板，躺平后双腿伸直往上翘，头部也随胸部抬起。此功法对腰椎间盘突出、腰部骨质增生均有良效。（见下图）

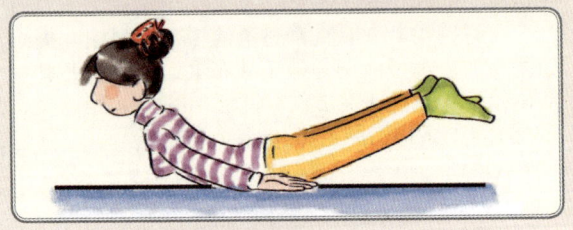

土鳖治坐骨神经痛 >>>

将 20 个土鳖烤干，砸碎，分成 7 等份，每晚 1 份用黄酒冲服（黄酒多点更好）。1 周为 1 疗程，一般 10 个疗程即好。

向日葵头治头晕 >>>

患高血压头晕，可取向日葵头 1 个，切成块放到药锅里，水要没过它，用火煎。水开了后，再文火煎 15 分钟，然后将煎得的水倒入 3 只茶杯中，每天服用 1 杯，连服 3 次即可见效。

治眩晕症一法 >>>

取龙牙草 60 克、鲜贝 150 克，水煎服，每日 1 剂，分两次服用，10 天为 1 疗程，停 2 天再服，一般 3 ~ 5 疗程即可。本方专治美尼尔氏眩晕症。

自制药丸治中风瘫痪 >>>

治疗中风瘫痪，可用五灵脂 100 克、草乌 25 克（炮制去毒），共研细末，再用核桃仁 100 克，去油后与药末混合，醋糊为丸，如梧桐子大，晚间用白酒送服；初次服 3 克，取微汗禁风；次日服 4.5 克；后增服至 6 克为止。

补脑汤治偏正头风 >>>

治疗偏正头风，可用川芎、白芷各 10 克，共为末，再备黄牛脑髓 1 副，切碎同药末入器皿内，加白酒炖熟，趁热和酒食之。

烤冬瓜治黄疸 >>>

2.5 千克左右的冬瓜 1 个，挖黄土用水拌成稀泥，以此稀泥将冬瓜厚厚封裹，然后用火烤，一直到冬瓜外屑的稀泥干裂即可取出，将瓜上泥巴去掉，于瓜上切一小口，将瓜内的汁液倒出，患者喝过 6 ~ 7 个烤冬瓜的汁液后，即可治好黄疸。（见右图）

冬瓜薏仁汤防治黄疸 >>>

口苦发热，如在热退后，小便含深浓黄色水液，那就是小便中已有浓厚的胆汁色素，这时就要饮用冬瓜薏仁汤。做法是：冬瓜皮 30 克、薏仁 15 克，共煎成汁液，连饮 4 ~ 5 天。如果成了黄疸，需 10 ~ 30 天的时间，始得痊愈。

赤小豆糊治丹毒 >>>

取赤小豆面 30 克，鸡蛋清 2 个。将赤小豆面以鸡蛋清调和如糊状，涂敷患处，以愈为度。此方见录于古代医书《圣济总录》中，是治丹毒的良方。

荞麦糊治下肢丹毒 >>>

荞麦面炒黄，用米醋调如糊状，涂于患部，早晚更换，有很好的消炎、消肿作用，治疗下肢丹毒疗效佳。

烤大蒜治肺结核 >>>

把生的大蒜用厚纸包好，埋入炭火的灰中 20 ~ 30 分钟，饭后就吃一瓣，怕闻这种味道的人，可用糯米纸包起来，用冷开水服下。这样的话，富有刺激的成分获得缓和，也不会有什么害处。（见右图）

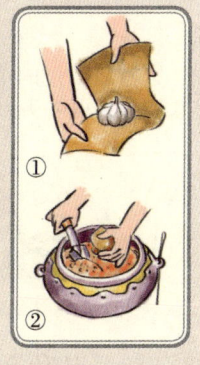
①
②

日常保健

盐水浴可提神 >>>

夏日精神不足时，可在温水中加些盐洗澡，精神就会振作起来。

巧用牛奶安眠 >>>

在睡前饮1杯牛奶或糖水，有较好的催眠作用。

茶叶枕的妙用 >>>

将泡用过的茶叶晒干，装在枕头里，睡起来柔软清香，可去头火。（见下图）

酒后喝点蜂蜜水 >>>

一旦喝酒过量，可在酒后饮几杯优质蜂蜜水，不仅会使头痛头晕感觉逐渐消失，而且能使人很快入睡，第二天早晨起床后也不会头痛。

巧用茶叶去口臭 >>>

吃了大蒜后，嘴里总有一股异味，这时只要嚼一点茶叶（或吃几颗大枣），嘴里的大蒜气味可消除。喝上1杯浓茶亦有同样效果。

冬天盖被子如何防肩膀漏风 >>>

可在被头上缝一条30厘米来宽的棉布，问题便得到很好的解决，因为不管你怎样翻身，棉布自然下垂总使您盖得很好。装被罩的被子可选比被子长的被罩用，也会收到很好的效果。（见右图）

巧用橘皮解酒 >>>

鲜橘皮煮水，再加少许细盐，可起醒酒作用。

减少电脑伤害策略 >>>

1. 连续工作 1 小时后应休息 10 分钟左右。
2. 室内光线要适宜，且保持通风干爽。
3. 注意正确的操作姿势。
4. 保持皮肤清洁。

婴儿止哭法 >>>

如果婴儿半夜醒来哭叫不停，可给孩子洗洗脸，孩子清醒了，便会停止啼哭，然后再喂点水，或是抱起来边亲吻边摇动，即可慢慢入睡。

防吐奶三法 >>>

1. 在给宝宝喂完奶后，妈妈轻轻将她抱起；让宝宝的身体尽量竖直些，小头伏在妈妈的肩膀上，妈妈一手托好宝宝的小屁股，另一只手轻轻拍打或抚摩宝宝的背部，等到听到有气体从宝宝嘴里排出的声音即可。

2. 宝宝坐在妈妈的腿上，妈妈用一只手撑住宝宝的胸脯，但一定要给宝宝的头稍稍向前倾，注意不要往后仰。

3. 妈妈坐下，让宝宝的头和肚子贴在妈妈的腿上，然后用一只手扶好宝宝，另一只手轻轻地拍她的背。（见右图）

怎样使儿童乐意服药 >>>

给小孩喂药是家长头疼的事。如果撕一小块果丹皮把药片包住，捏紧。再放在孩子嘴里，用水冲服，孩子就乐意服用。此法适用于 3 岁以上的儿童。

晒晒孩子骨头硬 >>>

晒太阳是预防和治疗佝偻病最经济、最简便、最有效的方法。一般来说，孩子满月后，每天就应安排一定的时间抱孩子到室外晒太阳。晒太阳要尽量让阳光晒到孩子的头部、面部、手足、臀部等部位的皮肤上。夏天阳光强，宜在清晨或傍晚或树荫下接受阳光的照射。冬季晒太阳要避免受凉，选择风和日丽的天气，最好在上午 10 点钟以后进

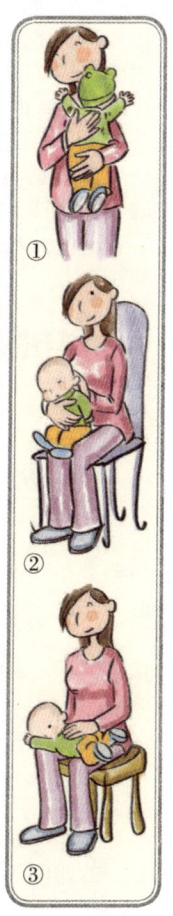

①

②

③

行，并要穿好衣服，露出小脸和小手就可以了。冬季也可打开门窗在室内晒太阳，但隔着玻璃晒太阳是无效的，因为玻璃将紫外线挡住使其不能通过。晒太阳的时间从每天5～10分钟开始，逐渐延长，到每天1小时左右。若孩子生病中断了晒太阳，可待愈后再晒。（见右图）

巧治孩子厌食 >>>

孩子越不愿吃，桌上的饭菜就越丰盛，这是普遍规律。家长的目的是诱发孩子的食欲，但适得其反，饭菜越丰盛，他越不肯吃，形成恶性循环。如果把饭菜减少到不抢着吃就要挨饿的程度，看看孩子还吃不吃？

孕妇看电视要注意 >>>

电视会产生少量的 X 射线，为了使小宝宝们在母亲腹中长得更好，怀孕妇女在看电视时应注意以下几点：

1. 与电视机保持一定的距离，最好在 2 米以上。
2. 时间不宜过长，以防止因视力疲劳而引起其他方面不适，如恶心、呕吐、头晕等症。

3. 经常改变体位和姿势，否则，坐的时间长了，引起下腹部血液循环障碍，会影响胎儿发育。

4. 可多吃一些富含维生素 A、类胡萝卜素和维生素 B_2 的食物，如动物内脏、牛奶、蛋类及各种绿叶蔬菜。（见下图）

男子小便精力检查法 >>>

喝完啤酒就想上厕所的人，是肾脏健康的证明。喝完啤酒，20 岁的人在 15 分钟后、30 岁的人在 20 分钟后、40 岁的人在 30 分钟以内上厕所，就是健康身体。总之，肾脏越强，上厕所时间也越早。

萝卜加白糖可戒烟 >>>

把白萝卜洗净切成丝，挤掉汁液后，加入适量的白糖。每天早晨吃一小盘这种糖萝卜丝，就会感到抽烟一点味道都没有。时间一长便可戒烟。

明目保健法 >>>

1. 起床后，双手互相摩擦，待手搓热后用一手掌敷双眼，反复3次。然后用示指和中指轻轻按压眼球或按压眼球四周。

2. 身体直立，两脚分开与肩宽，头稍稍向后仰。头保持不动，瞪大双眼，尽量使眼球不停转动。先从右向左转10次，再从反方向转10次，稍事休息，再重复3遍。

3. 身体下蹲，双手抓住双脚五趾，稍微用力地往上扳，同时尽量朝下低头。

4. 坐在椅子上，腰背挺直，用鼻子深吸气，然后用手捏住鼻孔，紧闭双眼，用口慢慢吐气。

5. 小指先向内弯曲，再向后扳，反复进行30～50次，并在小指外侧的基部用拇指和示指揉捏50～100次。每天早晚各做一次。这种方法不但能够明目养脑，对白

①
②
③
④
⑤

282

内障和其他眼病者也有一定疗效。

上述方法可以单独做，也可任选则几种合做，长时间坚持能够起到明目的作用。（见上页图）

主妇简易解乏四法 >>>

1. 梳理一下头发，洗个脸，重新化一下妆，用不了 20 分钟，就可收到调节紧张情绪的效果。

2. 做 10 分钟轻松的散步，舒展一下身体。

3. 躺下来，全身放松，什么事也不要想，休息静养 10 分钟，可使精神得到恢复。

4. 打开窗子，做 1 分钟的深呼吸，疲乏感会立即减轻。

每日搓八个部位可防衰老 >>>

1. 手：双手先对搓手背 50 下，然后再对搓手掌 50 下，可以延缓双手的衰老。

2. 搓额：左右轮流上下搓额头 50 下，可以清醒大脑，延缓皱纹的产生。

3. 搓鼻：用双手示指搓鼻梁的两侧，可使鼻腔畅通，起到防治感冒和鼻炎的作用。

4. 搓耳：用手掌来回搓耳朵 50 下，通过刺激耳朵上的穴位来促进全身的健康，并可以增强听力。

5. 搓肋：先左手后右手在两肋中间"胸腺"穴位轮流各搓 50 下，能起到安抚心脏的作用。

6. 搓腹：先左手后右手地轮流搓腹部各 50 下，可促进消化、防止积食和便秘。

7. 搓腰：左右手掌在腰部搓 50 下，可补肾壮腰和加固元气，还可以防治腰酸。

8. 搓足：先用左手搓右足底 50 下，再用右手搓左足底 50 下，可以促进血液的循环，激化和增强内分泌系统机能，加强人体的免疫和抗病的能力，并可增加足部的抗寒性。

叩齿运动保护牙齿 >>>

叩齿是一种古老的保健方法，能促使其血脉畅通，又可以保护牙齿。叩齿的方法是：口唇微闭，先叩臼齿 50 下，再叩门齿 50 下，然后再错牙叩齿 50 下。

巧用电话健身 >>>

接电话时，电话机离身不远，可能够得着时，不动脚而尽量伸展手臂，这也是一种全身运动。（见上图）

剩茶水洗脚可消除疲劳 >>>

茶水洗脚不仅可除臭，还可消除疲劳。用茶水洗脚，洗时就像脚上用了肥皂一样光滑，洗后顿感轻松舒服，能有效缓解疲劳。

梳头可益智 >>>

每天早晨起来，什么事也不干先梳头，由左至右向后梳，梳时用一点力，使头皮有微痛感，反复来回梳，要快些梳头皮就会有热感，大约2分钟满头皮都有热感后，就停梳，再用双手拍头，拍1～2分钟，要用一点力拍，头顶多拍几下，过20分钟再吃早饭。梳2～3个月后要停一段时间再梳。血压高的和血压低的人不要用此法，晚上不要梳。

眼睛疲劳消除法 >>>

1.用双手中指按住上眼睑向上轻提，连做3次，再用中指按住下眼窝向下按3次。

2.用双手中指从左右外眼角向太阳穴按去，经太阳穴再向耳边按去，反复3～4次。

3.轻闭双目，用中指轻轻揉按10秒钟即可。

运用脚趾可强健肠胃 >>>

胃经始于脚的第二趾和第三趾之间。胃肠功能较弱的人，若每天练习用脚二趾、三趾夹东西，或用手指按摩足趾36下，并持之以恒，胃肠功能会逐渐好转。

搓脚心可防衰老 >>>

每晚温水（30~40℃）洗脚，水没过足踝，水凉了续上热水，多洗一会儿。洗完后用双手各搓左右脚心300下。此法可以改善机体循环和神经泌尿等系统功能，提高免疫力，抗老防衰。对头晕、头痛、失眠多梦及血管神经性头痛、关节炎、坐骨神经痛、陈旧性损伤等也有良好的疗效。（见上图）

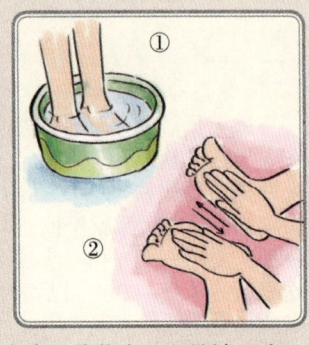

搓双足可清肝明目 >>>

摩擦两足，可使浊气下降，并能清肝明目，对治疗神经衰弱、失眠、耳鸣、高血压等均有疗效，具有祛病健身、延年益寿之功效。

敲手掌可调节脏腑 >>>

手掌正中有劳宫穴，若每天早晚握拳相互敲打左右手劳宫穴各36下，再按摩整个手掌，能疏通气血津液、调节脏腑功能，达到强身保健的目的。

心理保健

指压劳宫穴去心烦 >>>

　　每天指压劳宫穴约 30 分钟，可解除烦躁不安。劳宫穴认穴方法：握拳，中指的指尖所对应的部位就为劳宫穴。

抱抱婴儿可缓解低落心情 >>>

　　心情低落时，多抱婴儿（别人的也行），会激发潜藏在心底的爱，让人变得包容、关怀、勇敢和积极。触摸老人家的手也有相同效果。（见右图）

长吁短叹有益健康 >>>

　　长吁短叹是人们在遇到悲伤、忧虑、哀思、痛苦或者不顺心的事时，人体产生的一种生理现象。当人们在悲哀惆怅的时候，长吁短叹几次，有安神解郁的坦然感，在工作、学习紧张疲劳的时候，长吁短叹一番，会有胸宽神定的豁达感。

办公室头脑清醒法 >>>

每天上班，到了办公室以后，深呼吸一下，用手指尖顺着头发的方向用力在头部循环梳理一下头发，可清除头部的紧张感，让头脑有清醒感，更好地投入工作。

呼吸平稳可减轻精神压力 >>>

当感情冲动或精神紧张时，人会不由自主地屏住呼吸，或者呼吸短促，这只会加重精神压力。此时应调整呼吸，尽量让自己恢复正常呼吸。

散步有利身心健康 >>>

周末或假日散步于树林里，将示指、中指、无名指并拢于肚脐下方，做深呼吸，同时轻轻按下肚子——这是恢复元气、使人兴奋的主要区域，这一动作可重复 15 次。

倾诉流泪减压法 >>>

心情极为难过时，向好朋友倾诉内心的感受和心事，不要把所有事情都闷在心里。当愈说愈难过时，不妨尽情地哭一场。流眼泪是一种绝佳的发泄方式，尤其在知道自己为何而哭时。

香精油的妙用 >>>

香精油能够缓解精神疲劳，帮助睡眠。心情低落时可以将香精油放置于一碗蒸馏水中（2～3滴）、浴缸中（5～6滴）或在枕边（1～2滴）。（见下图）

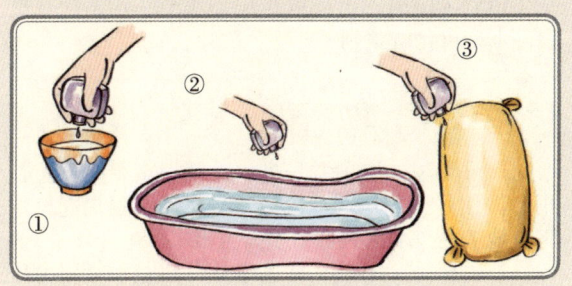

适当发泄有助减压 >>>

愤慨难当时，可以找个安静的角落大骂几句，但是要保证发泄简短、私密并有一定控制。也可以将洋葱剁成碎片，将牛排砸成肉酱，或者将花生磨成粉末，这种对他人无害的破坏是提升情绪的根本方法。

橙皮巧治鱼刺卡喉 >>>

鱼刺卡喉时，可剥取橙皮，块窄一点，含着慢慢咽下，可化解鱼刺。

巧排耳道进水 >>>

1. 重力法：如果左耳进水，就把头歪向左边，用力拉住耳朵，把外耳道拎直，然后右腿提起，左脚在地上跳，水会因重力原因流出来。

2. 负压法：如果左耳进水，可用左手心用力压在耳朵上，然后猛力抬起，使耳道外暂时形成负压，耳道里的水就会流出来。

3. 吸引法：用脱脂棉或吸水性强的纸，做成棉棍或纸捻，轻轻地伸入耳道把水吸出来。

颈部受伤的急救 >>>

1. 止血：如果颈部有大血管出血，应立即用无菌纱布或干净的棉织物填塞止血，然后将健侧的上臂举起，紧贴头部做支架，对颈部进行单侧加压包扎。切不可用纱布环绕颈部加压包扎，否则会压迫气管引起呼吸困难，并可能因压迫静脉影响回流而发生脑水肿。

2. 通气：气管、食管损伤时，为防止窒息，应想方设法将口腔、气管的分泌物、血液或异物予以清除。

3. 固定：将毛巾或报纸等卷成圆筒状围在颈部周围，防止伤员头部左右摇摆，加重颈椎脊髓损伤。

4. 转运：转运过程中务必使患者平稳。其标准的做法，就是先找一块木板轻轻塞进患者身下，而后抬木板至担架上，接着用颈圈固定患者颈部，再以大宽布把患者身体与木板紧紧地从头缠到脚。

5. 安慰病人。

解食物中毒五法 >>>

1. 食蟹中毒，可用生藕捣烂，绞汁饮用，或将生姜捣烂用水冲服。

2. 食咸菜中毒，饮豆浆可解。

3. 食鲜鱼和巴豆引起中毒，可用黑豆煮汁，食用即解。

4. 食河豚中毒，可用大黑豆煮汁饮用，或将生橄榄20枚捣汁饮用。

5. 误食碱性毒物，大量饮醋能够急救。（见右图）

① ② ③ ④ ⑤

心绞痛病人的急救 >>>

1. 让患者保持最舒适坐姿，头部垫起。
2. 如随身携带药品则给患者用药。
3. 松开紧身的衣服使其呼吸通畅。
4. 安慰患者。

胆绞痛病人的急救 >>>

患者发病后应静卧于床，并用热水袋在其右上腹热敷，也可用拇指压迫刺激足三里穴位，以缓解疼痛。

胰腺炎病人的急救 >>>

可用拇指或示指压迫足三里、合谷等穴位，以缓解疼痛，减轻病情，并及时送医院救治。

儿童电击伤的急救 >>>

1. 立即切断电源：一是关闭电源开关、拉闸、拔去插销；二是用干燥的木棒、竹竿、扁担、塑料棒、皮带、扫帚把、椅背或绳子等不导电的东西拨开电线。
2. 迅速将受电击的小儿移至通风处。对呼吸、心跳均已停止者，立即在现场进行人工呼吸和胸外心脏按压。人工呼吸至少要做 40 分钟，或者至其恢复呼吸为止，有条件者应行气管插管，加压氧气人工呼吸。

3.出现神志不清者可针刺人中、中冲等穴位。

咬断体温表的紧急处理 >>>

体温表内的水银（汞），是一种有毒金属，吃进人体后，一般能从肠道排出。万一咬断体温表，可立即服生鸡蛋清2～3只，以减少人体对汞的吸收，并注意检查近期内的粪便，如水银长时间未排出，应送医院处理。

游泳时腿部抽筋自救 >>>

若在浅水区发生抽筋时，可马上站立并用力伸蹬，或用手把足拇指往上掰，并按摩小腿可缓解。如在深水区，可采取仰泳姿势，把抽筋的腿伸直不动，待稍有缓解时，用手和另一条腿游向岸边，再按上述方法处理即可。

呛水的自救 >>>

呛水时不要慌张，调整好呼吸动作即可。如发生在深水区而觉得身体十分疲劳不能继续游时，可以呼叫旁人帮助上岸休息。

煤气中毒的急救 >>>

　　1.迅速打开门窗使空气流通。
　　2.尽可能把中毒者转移至通风处，同时注意保暖。
　　3.保证呼吸道通畅，及时给氧，必要时做人工呼吸。

电视机或电脑着火的紧急处理 >>>

　　电视机或电脑着火时，先拔掉插头或关上总开关，再用毯状物扑灭火焰。切勿用水或灭火器救火，因机体仍可能导电，会引致电击。

巧救油锅着火 >>>

　　油锅着火后，只要盖上锅盖或用湿布一压即可熄灭。千万不能用水浇，因为油比水轻，浇水会使烧着的油四处炸溅或漂到上面，反而助长火势。（见右图）

火灾中的求生小窍门 >>>

　　1.如在火焰中，头部最好用湿棉被（不用化纤的）包住，露出眼，以便逃生。

2.身上的衣服被烧着时，用水冲、湿被捂住，或就地打滚，以达到灭身上之火的目的。绝对不能带火逃跑，这样会使火越着越大，增加伤害。

3.遇有浓烟滚滚时，把毛巾打湿紧按住嘴和鼻子上，防烟呛和窒息。

4.浓烟常在离地面30多厘米处四散。逃生时身体要低于此高度，最好爬出浓烟区。

5.逃出时即使忘了带出东西，切忌再不要进入火区。

6.家门口平时不要堆积过多的东西，以便逃路通畅。老人小孩应睡在容易出入的房间。（见下图）

如何进行人工呼吸 >>>

急救者位于伤员一侧，托起伤员下颌，捏住伤员鼻孔，深吸一口气后，往伤员嘴里缓缓吹气，待其胸廓稍有抬起时，放松其鼻孔，并用一手压其胸部以助呼气。反复并有节律地（每分钟吹16～20次）进行，直至恢复呼吸为止。